最美的昆虫科学馆
小昆虫大世界

KUN CHONG JI

昆虫记

滑稽的秘密演员
——壁蜂、芜菁与土蜂

〔法〕法布尔／原著　　胡延东／编译

U0324674

天津出版传媒集团

天津科技翻译出版有限公司

前　言

　　《昆虫记》是法国杰出昆虫学家、文学家法布尔的经典之作，它详细记载了多种昆虫的本能、习性、劳动、婚姻、繁衍、死亡、丧葬等习俗，堪称一部了解昆虫的百科全书。

　　然而《昆虫记》的意义又不仅于此，全书从人文关怀的视角出发，通过对昆虫习性的描写，展现了各种昆虫的个性特点，以及它们为了生存而做的不懈努力，体现了作者对昆虫的尊敬，对生命的关爱。

　　由于《昆虫记》是作者以"哲学家一般的思，美术家一般的看，文学家一般的感受与抒写"编著而成的史诗，也是尊重生命、讴歌生命的典范，所以它问世这一百多年来，便一版再版，先后被翻译成五十多种文字，一次又一次在读者中引起轰动。它的作者法布尔，也因对科学和文学方面的双重贡献，被誉为"科学诗人""昆虫世界的荷马""昆虫世界的维吉尔"。

　　作为中国中小学生的必读课外读物，《昆虫记》因其知识性和趣味性而备受关注，但它毕竟是一部科普巨著，这对课业繁重、理解能力有限的中小学生来说，是一项很大的"阅读工程"。所以本系列丛书就根据原版《昆虫记》所提供的有关昆虫生活习性的资料，以简单通俗的语言将每种昆虫的特点简要呈现出来，省去原书中专业化的术语及大量反复的实验论证过程，保留原书的叙事特色，让孩子在轻松愉快的阅读氛围中体验到昆虫王国的奇特。

　　本套《昆虫记》共分十册，其中《滑稽的秘密演员——壁蜂、芜菁与土蜂》着重讲述了壁蜂、芜菁、土蜂、蚜虫几种昆虫的生活习性，它们有的是杰出的"物理学家"，有的是讨厌的寄生虫，有的是高超的"麻醉师"，还有的具备令人"叹为观止"的繁殖手段。它们这些独特的行为，不仅为我们揭示了昆虫王国不为人知的一面，也启发我们更深入地反思我们人类社会，意义深刻。

目 录

"理科专家"壁蜂

琥珀念珠

很多膜翅目昆虫喜欢在树莓桩里安家。它们总是用自己灵巧的工具，将干枯树莓桩里的东西挖空，做成一个圆柱形的通道；再在通道里每隔一段距离安上一层薄薄的隔板，这样就为孩子们建成了一个又一个的房间。这样，它们就可以在这些房间里储存蜂蜜、产卵，并封死房门，安心离开。如果不作专门的研究，谁会意识到这一段干枯的树莓桩里住着一个家族呢？

三齿壁蜂最善于造这样的房子，与别的昆虫相比，它造的房子不但结实耐用，而且干净精致。三齿壁蜂还是一种很勤快的昆虫，在挖通道的过程中，如果没有遇到木疤，它会一口气挖一个足够容纳15个孩子的通道，然后用挖下来的东西做成一个个隔板，给每个孩子分配好粮食，再堵死房门，麻利地完成母亲的使命。

为了看清楚蜂房的结构，冬天幼虫吃完食物已经结茧的时候，我找来工具，小心翼翼地将树莓桩竖直劈开，就看到了这样一幅情景：

你看，整个蜂窝像不像由一个个椭圆形珠子串成的大琥珀念珠？

在众多的椭圆形"珠子"中，你知道哪个是先出生的、哪个是后出生的吗？很明显，通道最里面的孩子，就是年纪最大的那一个，"楼上"的那个年纪相对要小一些，越往上的孩子，年龄越小，最顶端的显然就是这个家庭最小的弟弟或妹妹。

如果只是这样单纯地看着这个家庭，那这幅情景就真的很令人欢喜了。十几个孩子，整整齐齐地这样躺着，多么讨人喜欢呀。再加上三齿壁蜂妈妈，真有点儿女成群、尽享天伦之乐的意思，这时，你绝对不会想到任何悲伤与灾难。可是，这个世界上好像没有绝对的完美。

我注意到，每个幼虫破茧而出之后，都要从树莓桩顶部的封口中出去，只要咬破最顶端的塞子，它们就解放了。现在的问题是：出口在顶楼，顶楼下面那十几层的壁蜂幼虫是怎样钻出去的呢？按照常理，顶楼的孩子最小，破茧羽化的时间也最晚，而楼层最底下的老大哥羽化的时候，它上面的兄弟

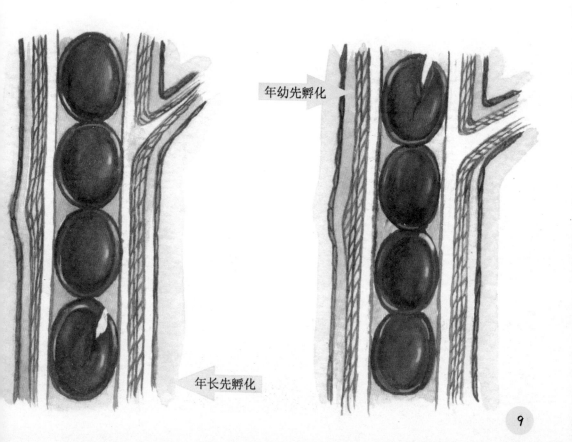

年幼先孵化

年长先孵化

还在茧中沉睡，它该怎么上楼并从楼顶冲出去呢？

若想让所有家族成员都顺利地走出蜂房，出去的顺序似乎只能是这样：最上面的小弟弟应该最先冲出牢笼。虽然它年龄最小，但只有它最先破茧羽化，下面的哥哥姐姐们才能一个个逐层走出牢笼。也就是说，它们冲出蜂房的顺序，与出生的顺序相反，最后走出家门的恰恰是年龄最大的那一个。

但事实上，这是不可能的。最底下的那个，由于出生时间最早，也最先吃蜜浆，最先生长发育，最先结茧，最先羽化，所以最先走出房门的应该也是它。但是，它又不可能穿破天花板，直接从楼上出去，这样它就必须从自己弟弟妹妹的身上穿过去——以整个家族的生命为代价换取一个生命的自由，这也是绝对不可能的。

既然两种情况都不可能，我也想不出还有什么办法能让它们完好无损地走出去了。也许，人类的这种逻辑本身就是错误的，昆虫向来就有一套它们自己的生存法则，只是现在我还不知道而已。

杜福尔的观点

关于"昆虫们是怎样走出楼层的"这个问题，我并不是第一个感兴趣的人，杜福尔早就研究过这个问题了。他曾研究过一种赭色蜾蠃，这种昆虫幼虫的居住方式与三齿壁蜂类似，也是一层楼一层楼的分层居住，年纪最大的在最下面。杜福尔在叙述这种昆虫时这样说道：

你知道吗？赭色蜾蠃的8个孩子就这样每层居住一个，并且紧紧地挨着。很明显，最底下那层楼是最先盖出来的，这层楼里的卵也是最先产出来的，按照常理，这枚卵也是最先羽化并飞出去的。

但你肯定没想到的，那只最先羽化的幼虫，竟然放弃长子的权利，让它的弟弟妹妹先羽化，这样就能确保整个家庭的孩子都能安然无恙地飞出去。人类永远无法想象，这种与自然规律相背离的现象，竟然发生在毫不起眼的昆虫身上。我们只能承认自己的无知，低下我们高傲的头颅。请你不要觉得难为情，勇敢地承认自己的无能吧！

如果长子想要一出生就离开牢笼，见到外面的花花

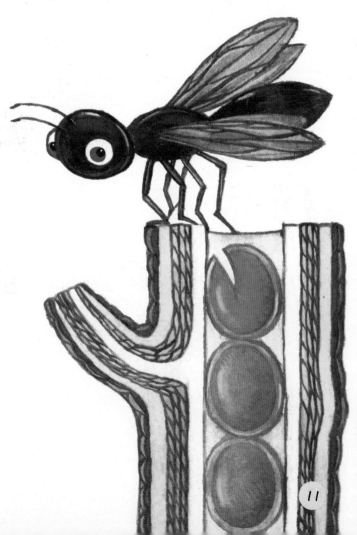

世界，那么它必须得具备这样的能力：不从楼顶上走，而是在四周的墙壁上戳一个洞，然后从这个洞口钻出去，再奋力地穿过上面7个蛹室长的树莓桩，最后再从顶楼上面出来。但这是不可能的，上帝没有赐予它从厚厚墙壁中穿过去的力量，也不允许它为了自己而强行从楼上出来，进而要了7个兄弟姐妹的命。

赭色螺蠃的妈妈是那么的聪明，它早已经预料到会有今天这样的局面，所以它在生孩子的时候，早已经作好了安排：它让长子和哥哥姐姐们作一些牺牲，最后从楼里面走出来，让最晚出生的弟弟妹妹先羽化飞出去，这样楼顶的孩子就会为下面一层的哥哥或姐姐开辟出道路，下一层的孩子又为再下

一层的孩子开辟道路，蜾蠃们就是这样从上到下逐一羽化、逐一飞出来的。

我爱我师，但我更爱真理。亲爱的杜福尔老师，我非常同意您的一部分观点，即楼层里的居民必须先让顶楼的小弟弟、小妹妹出来，逻辑上也只有如此。但我不同意您所说的羽化顺序，即幼虫破茧的顺序，您有什么根据说年长的幼虫必须比年轻的幼虫发育得慢，以此给楼上挡住道路的兄弟留下解放自己的时间呢？恐怕您以这种逻辑推导出来的答案会完全背离事实的真相。

我只能说，亲爱的杜福尔老师，您的推论很有力，但我必须否定上述那种颠倒事实的说法。我用树莓桩中好几种膜翅目昆虫做过实验，没有一种是长子放弃发育权利。我们地区没有您所说的那种赭色蜾蠃，尽管如此，在蜂窝都是相似的楼层形状的情况下，我相信昆虫们出窝的方式应该也是相似的。我认为自己不一定非要用赭色蜾蠃做实验，树莓桩中的居民一样能告诉我们事实的真相。

我们这个地区，以楼层形状做蜂房的昆虫，以三齿壁蜂最为典型，而且它在同一个树莓桩中造的楼层也最多，所以我就专门选择了一些身体健康、肢体强壮的三齿壁蜂做实验。

这个实验我一进行就是四年，我相信我肯定能得到一些结论。

事实胜于推理

我首先研究的是幼虫的羽化顺序。

我从一段树莓桩里取出十几个茧，然后按照它们在蜂房楼层里的顺序，将它们逐一放到一个玻璃试管中。这个试管是经过精心挑选的，它的直径与蜂房圆柱形直径是相同的。我还模拟三齿壁蜂妈妈造房子的方法，在茧与茧之间用一层隔板隔开，做成楼层。隔板的材料是高粱秆，我把它切得薄薄的，大约1毫米左右厚度。我还仿照蜂房做了墙壁，墙壁的材料是白色的木渣，外面那一层纤维我已经去掉，这样幼虫的大颚就很容易戳穿墙壁。

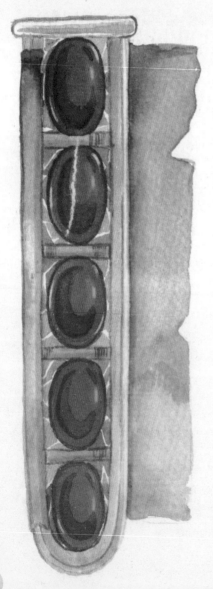

为了迎合昆虫在黑暗中度过幼虫期的习惯，我在玻璃试管外套了一个厚厚的纸套子，这样就能防止光线照进去。如果我想要观察试管里面发生了什么变化，我可以随时掀开这层纸套子。最后，我将这个试管口朝上，垂直悬挂在实验室里，这样就与自然状态下它们在木桩里的生活基本一致了。

我做这一切是在冬天时进行的，这时候树莓桩内的幼虫已经吃完了粮食，结成茧了。一切准备就绪，就等着来年夏天的来临了。

　　第二年的六月底，雄壁蜂撕破了茧，七月初，雌壁蜂也撕破了茧。为了记录下它们羽化的准确时间，我一天观察这个试管好几次，不敢有丝毫的怠慢。为了证实我的实验结果，这个实验我连续做了四年，曾亲眼目睹很多只壁蜂的羽化。我可以很自信地说，我的实验结论与事实真相非常接近，因此，我可以肯定地说：

　　一个壁蜂家庭的羽化没有任何顺序可言，不受年龄大小的支配！

　　根据我的观察，第一个撕破茧而羽化的幼虫，既可能是最底下的，也可能是最上面的，也可能是中间任何一个。第二个羽化的，既可能是靠近第一个的，也可能是第一个上面隔几行的，还可能是第一个下面隔几行的。

　　总之，羽化的顺序看起来很随意，也许有什么我们不知道的规律，但绝对不是长子放弃权利，让最小的先羽化，每一个茧都有先羽化的可能。

　　我们此前之所以会作出错误的结论，是因为我们习惯用固有的思维、固有的逻辑思考，认为它们非得像我们所说的那样，否则整个家族将无法生存。我只能说，每个生命都有自己的能量，它在什么时候羽化，绝不会受到外界环境的干预，只要它发育到一定阶段，就可以羽化了。至于谁先羽化，那要看各只茧的发育状况。那只得到丰厚食品的幼虫也许身体相对强壮，生命力更强，但这也不能保证它一定羽化在自己哥哥姐姐前面。

　　道理再简单不过了。母鸡孵蛋，谁敢断言说，第一个孵化出来的小鸡，就出自最先下的那只蛋呢？但同样，我们也不能说这只小鸡是由最后下的蛋变成的。

　　我还有其他的证据证明壁蜂的羽化顺序并非按照年龄大小顺序依次进行。在一个壁蜂家族中，最先羽化出来的总是雄壁蜂，然后才是雌壁蜂。雌雄壁蜂们在蜂房中的房间，是很随意地散布在各个楼层的，并非某个性别全部在上或者全部在下。由于总有一定数量的雄壁蜂比雌壁蜂先出来，我们可以推断它们根本不可能完全按一个方向从上面或者从下面逐层羽化。

因此，最合理的解释就是，所有壁蜂的羽化并不按年龄大小的顺序，每只壁蜂都不会因为外界环境而放弃自己的发育机会，只要它发育到一定阶段，它就可以撕破茧羽化了。

除了三齿壁蜂，我还对其他拥有楼层形状蜂房的昆虫做了实验，如啮屑壁蜂、黄斑蜂等等，结果都是如此。所以我认为褐色�赢也是这样无次序羽化的。杜福尔之所以得出"长子放弃权利"的说法，只是根据逻辑推理臆测的结论，没有丝毫事实根据。

伟大的精神，高贵的灵魂

认识一个错误，就等于明白一个真理，但我并不能局限于此。既然现在我已经推翻"壁蜂是按照年龄大小而羽化的"这个错误结论，就得告诉大家一个正确的结论，否则我的实验也没有太大的意义。

壁蜂怎样走出楼层，这个问题我研究了四年，观察了四年，看到的现象总是这样：第一只羽化的壁蜂，不管它居住在第几层，它总是先咬破天花板，在上面挖一个锥形洞口，刚好能让自己穿过。但是如果它居住在中间或者下面，戳穿天花板之后，就会看到自己的弟弟妹妹还老老实实地躺在那里。这时，它如果想从这个洞口出去，就必须在弟弟妹妹的身体上戳个洞，然后从它们的身体中间穿过去。

面对着弟弟妹妹的摇篮，急着冲出牢笼的壁蜂犹豫了，它停下挖洞，慢慢退回到自己的房间，不安地在自己的房间走来走去。一天过去了，两天过去了，甚至等了很多天，上面的弟弟妹妹仍然没有苏醒的迹象。而它不能从弟弟妹妹的身上穿过去，只有在下面等待。等得不耐烦了，它便急躁地去啄四周那厚厚的墙壁，妄图从侧面而不是楼顶冲出去。

看吧，这个小生命宁可用尽毕生的精力去啄它可能永远也啄不透的墙壁，也不肯踩着弟弟妹妹的尸体走出去。在我的玻璃试管内，我看到它一次又一次地对四周的纸夹层发动进攻，将纸一小片一小片地撕破，妄图在侧面开出一条通道。

雄蜂通过挖隔墙逃出去的可能性要大一些，因为它的身体相对较小，一个小小的洞口就足以让它扁着身子走到上面的蜂房，绕过弟弟妹妹的茧走出去。在我的实验室里，已经有好几只雄蜂这样成功地逃离自己的楼层，进入另一个蜂房。如果在上面这个蜂房里的茧仍然没有羽化，它就不得不再次通过挖隔墙扁着身子绕路的方式走出去。但是如果上面还有很多很多楼层都不能通过，它就必须一次次这样挖墙壁，直到用尽所有力气，将自己活活累死。雌蜂的力气要大一些，我曾见一只雌蜂这样连续挖了四个墙壁，绕过了好几只茧。

如果树莓桩的直径比茧的直径大，壁蜂又足够强壮，那么即使它在底部，它也完全可以通过这种方式绕路出去。但是，如果树莓桩的直径与茧的直径一样，这样从侧面逃出去的方法就不大可行了，也许只有个子矮小的雄蜂能做到。那么现在，如果树莓桩的直径很窄很窄，居住在下面的壁蜂，不管身材多么娇小，都无法扁着身子逃出去，它又该怎么办呢？

壁蜂再次向我们彰显它那伟大的灵魂。如果真的非常不幸地遇到这种情况，那么下面的壁蜂就会一直在自己的房间里等待，直到上面的壁蜂羽化。在此过程中，如果它楼下的哥哥或姐姐也已经羽化了，那么这两只壁蜂就会一起等待上面的小兄弟。似乎是为了打发这段无聊的时光，两只壁蜂还会互相串门。可能到后来，下面的楼层已经全部打通，上面的壁蜂仍旧没有羽化。没关系，大家一起等它一个。不管等多长时间，大家绝不会强行戳穿上面小弟弟或小妹妹的身体。如果等得实在不耐烦了，它们就用力地咬墙壁，但永远不会向上面咬一口或戳一下。

敞开的窗户

　　最不幸的是，如果上面的壁蜂长时间不羽化，它的食物也变得干燥而挡住下面的通路，那么下面的壁蜂就不能再等了，只能另谋出路。

　　蜗居在家等死？这简直是在污蔑壁蜂，这是它们高贵的灵魂所不能允许的事。无论多么艰难，它们都要试着寻找其他出路。

　　在我所搜集的树莓桩中，有些壁蜂的蜂房出现了一个奇特的现象：除了上面天花板上的洞，侧面还有一个洞，像一扇窗户一样。我不明白侧面为什么会多了这么一扇窗户，就小心翼翼地打开树莓桩，结果发现被开窗的蜂房里，堆着一堆已经发霉的蜂蜜，这个蜂房里的卵一直没有羽化，所以食物根本就没动过，楼下的哥哥或者姐姐根本不可能通过这个房间从顶部逃脱。天才般的楼下居民，竟然想出从侧面挖一个洞的方法，下面几层楼的壁蜂都从这个洞钻了出去。类似的情况，我在别的三齿壁蜂蜂房中也看到过，黄斑蜂们也知道利用这种方式冲出牢笼。

上面我叙述的，一个蜂房有两个洞，这是一个事实；至于侧面的"窗户"及楼下居民的出窝方式，那是我根据事实的推论，还需要证实。

于是，在新的实验中，我找了一个内壁很薄的树莓桩，垂直劈开，将里面的茧取出来，再把树莓桩内部小心刮干净，制成一个内壁平坦的管子。然后，我再把一个个茧放到每个小沟中，用高粱秆圆片做成隔板将这些茧隔开，又在圆片上涂了一层蜡，确保壁蜂咬不破。然后，我再把劈开的树莓桩合拢，用绳子捆紧，并将劈开的裂缝糊好，不让任何光线透过去。最后，我将做了手脚的树莓桩垂直悬挂起来，等待它们的羽化。

这个改良过的实验，与自然状态下的树莓桩相比，差别只是天花板上涂上了蜡，壁蜂没能力戳穿这层天花板，无法从上面冲出去。因为我的目的是为了检验它们是否能从侧壁上出去，所以我把侧壁弄得很薄，确保壁蜂的大颚能撕破这层薄薄的墙壁。

来年的七月，实验就有结果了。我用来做实验的20只壁蜂茧，有6只戳穿了薄薄的内壁，从侧壁这扇窗户里冲出去了，其余14只则困死在自己的房间里。

我解开绳子，打开树莓桩

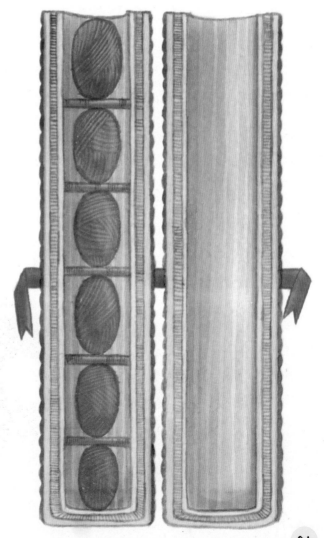

检查，发现所有的壁蜂都曾试图从侧面逃走，这点可以从墙壁上戳、咬的痕迹上看出来。它们之所以没有成功，是因为它们没有足够的力气，不能像其他6只幸运儿一样在墙壁上戳出一个洞来。在我上一个实验中，我是用纸在外围包了一圈的，所以也曾在纸上看到过这样的圆洞。

　　事实再清楚不过了，正常情况下，壁蜂会在上面的天花板上戳一个洞，然后飞出去。如果上面躺着一个没有羽化的茧，下面的壁蜂要么等待它羽化之后再出去，要么扁着身子从这个茧下面进到上面的蜂房，绕过这个茧，然后再从天花板上出去。如果体型太大，楼房太窄，无法这样绕路过去，那它就会努力在蜂房的墙壁上戳一扇"窗户"，从"窗户"里飞出去。但一般情况下，墙壁很厚，壁蜂很难在这堵墙上挖一个洞，力气大的也许能穿过去，力气小没能力戳穿一个洞的，只有活活困死或累死在自己的房间里。

这样看来，导致壁蜂出不去的原因有很多。因此，在树莓桩中，我经常看到由于这样或那样的原因，很多壁蜂死在自己的房间里。但是，既然从侧面开一个洞逃出去的方法这么有效，为什么它们不这样做呢？事实上，除了三齿壁蜂，我还通过黄斑蜂等其他昆虫的出去方法发现，昆虫们只有在确实没有其他办法出去之后，才会想出从侧面逃走的方法，力气大的、勇敢的成功了，力气小的、懦弱的则失败了。

我所不知道的智慧

现在我们已经知道，壁蜂的灵魂是非常高贵的，如果上面的弟弟妹妹没有羽化，它宁愿困死在自己的房间，也绝不在同胞身上戳一个洞走出去。可是，如果上面那层楼的居民，还没有羽化，便已死去，永远也不可能为自己开辟道路飞出去，那该怎么办？下面所有的居民只能在自己家中等死吗？

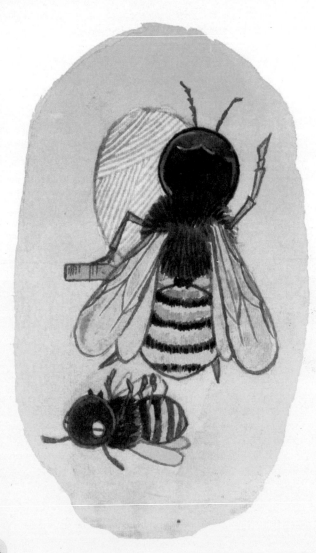

为了弄清楚这个问题，我重新准备好实验器材，在上面一层楼中放入一个因为硫化碳蒸气中毒死去的茧，楼下放了一个活着的茧，然后仍然用高粱秆薄片隔开。

结果我看到，楼下那只壁蜂一旦羽化，便毫不迟疑地在天花板上戳一个洞，然后毫不留情地咬破死茧，没有一丝一毫的犹豫。就这样，它在弟弟妹妹身上戳穿一个洞，从上面钻出去，然后再踏着它的尸体，戳穿下一个天花板。那个已经死去的茧，在它的眼中就像高粱秆薄片一样，都只是一个障碍物，它伸出有力的大颚，毫不犹豫地咬碎了它。最后，它将弟弟妹妹的房间搞得乱七八糟，出去了。

在此之前，两只壁蜂幼虫都困在茧中，下面那只怎么知道上面那只已经死去了？它不可能看得出来，难道是闻到了尸体的异味吗？

我又重新做实验，将活着的流浪旋管泥蜂茧和啮屑壁蜂的茧放在上面的楼层，将三齿壁蜂的茧放在下面的楼层。之所以作出这样的安排，是因为流浪旋管泥蜂和啮屑壁蜂的茧与三齿壁蜂很相像，而且它们羽化的时间要比三齿壁蜂晚。也就是说，它们一定会挡道，我想看看三齿壁蜂对于异族挡道会怎样处理。

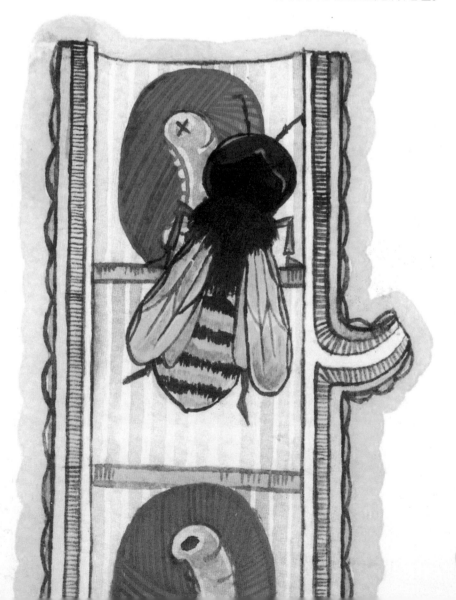

结果又令我震惊：对于挡道的异族，三齿壁蜂毫不留情地从它们的身体中间穿过。我看到存放着流浪旋管泥蜂和啮屑壁蜂茧的楼层中，到处都是它们身体的碎块、头颅——三齿壁蜂为了开辟道路将它们咬得稀烂。那个在我看来非常高贵的灵魂，面对不是自己的种族时，表现得如此冷血，好像它们就是死茧，就是挡道的高粱秆薄片一样，统统都是障碍物，必须毫不留情地清除！

可是，被茧裹得严严实实的流浪旋管泥蜂和啮屑壁蜂幼虫，外表与三齿壁蜂茧如此相像，刚刚羽化的三齿壁蜂是怎么知道它们不是自己的同胞呢？现在我知道这也不是嗅觉在起作用，因为这次我准备的都是活着的茧，不会散发出尸体的异味。因此又证实了上一个实验，即三齿壁蜂不是靠闻见尸体的气味而断定楼上是一只死茧的。

三齿壁蜂为什么具备这种对死茧和异族茧的鉴别能力，我不知道原因，只知道它不是靠视觉，也不是靠嗅觉，而它究竟靠什么，我现在也不知道。

对地心·引力的认识

一个结论的获得，往往需要很多次、很多种实验来证实，这是我在昆虫研究生涯中得出的结论。所以，对待每种昆虫，我都会采取多种实验方式，考虑到各种可能，反复地实验，反复地论证。对待壁蜂，我也是这样。

在正常情况下，壁蜂的蜂房总是口朝上垂直于地面，楼下的居民一个个咬破天花板，一层层往上走，最终冲破屋顶，冲向自由自在的大自然。如果把树莓桩倒过来会怎么样呢？

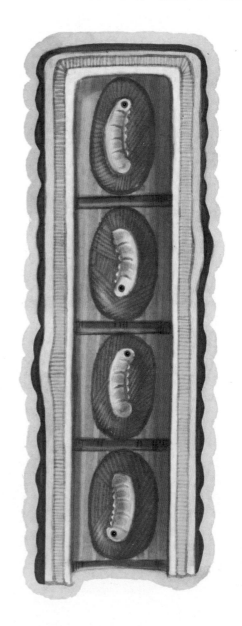

我按照常规做好模拟蜂房，然后封闭顶端，口朝下垂直着悬挂起来。为了更明确实验结果，我把每个蜂房里的壁蜂茧，有的头朝上有的头朝下放着，一上一下地交替排列好。当然，蜂房中间仍由高粱秆薄片隔开。做完这一切之后，像以往一样，我激动不安地耐心等待实验结果。

结果是这样的：如果壁蜂在蜂房里头朝上，那么它羽化之后，就像没发生任何事一样，咬上面的天花板；如果是头朝下的壁蜂，那么它就翻转过来身子，保持头朝上，然后再咬上面的天花板。也就是说，无论壁蜂在蜂房里保持怎样的姿势，它们天生知道向上走，向着地心引力的相反方向走。

在正常的情况下，出口在上面顶楼，所以壁蜂逆着地心引力的方向走就能获得自由。但是由于我对它们的蜂房搞了恶作剧，上面并没有顶楼，也没有出口，这些小家伙们仍然逆着地心引力走，结果就只能困死在原本属于最底层的楼房。

也有几只壁蜂尝试着往下走，即走向出口的正确方向，但真正能走出牢笼的只有很少几只。这是因为：

1.昆虫们不善于走与平常方向相反的路，就像我们习惯走熟悉的路而不喜欢走陌生的路一样。

2.在地板上挖一个洞比在天花板上更费力，累得筋疲力尽的壁蜂就索性放弃了，结果困死在楼层中。

我在这里简单解释一下第二个原因。向下走的壁蜂若想逃出去，只有咬破地板而不是天花板。可是当它咬碎高粱秆薄片并习惯性地把它抛开之后，高粱秆薄片由于重力作用又掉在地面上，于是壁蜂不得不重新清理地面。在正常的情况下，壁蜂咬破天花板只要随手将碎屑一扔就行了，壁蜂还可以踩着高粱秆碎屑更方便地工作。两种劳动量相对比，显然在地板上挖一个洞更费事。况且壁蜂没有往下走的习惯，本身对选择这条路也不太自信，所以放弃这项工作是迟早的事。

尽管有诸多的困难，在我这个将蜂房上下颠倒的实验中，仍然有两三只幸运儿冲破阻力，成功地逃出牢笼，冲了出来。这两三只幸运儿，就是下端接近出口的壁蜂，它们羽化后，并没有按照家族习惯逆着地心引力向上走，而是毫不犹豫地选择向下走，在地板上戳一个洞，于是很快就逃出来了。

这个实验让我得出这样一个结论：壁蜂逃出去的方向受地心引力的影响，它们总是习惯逆着地心引力向上走。但地心引力又不是指引它们逃出来的唯一"指南针"，应该还有另一种力量指引着它们的走向。

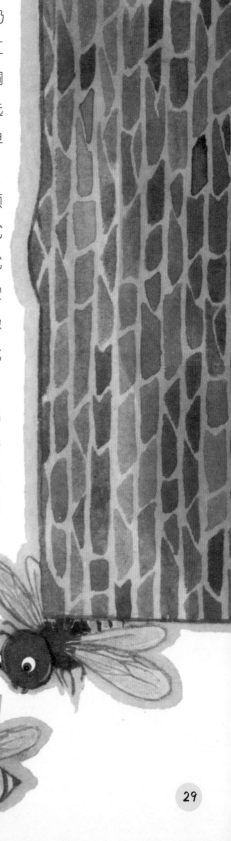

大气压的作用

指引壁蜂的另一种力量，是大气的压力。

我说过，我曾对壁蜂做过很多种实验。曾经有一次，我将两个树莓桩的封口都堵死了，然后一个朝上、一个朝下垂直悬挂，结果两个树莓桩中的壁蜂都憋死在里面。

当然，我也曾用一个两端开口的管子垂直悬挂实验，里面壁蜂仍然是有的头朝上，有的头朝下。结果我发现，上面几个楼层的壁蜂，无论头朝上还是头朝下，都是逆着地心引力的方向走，从上面的出口逃出来了；下面几个楼层的壁蜂，无论头朝上还是头朝下，都毫不犹豫地一致向下面的地板发起进攻，从下面的出口逃出来了。

就是这第二个实验，让我怀疑指引壁蜂逃走的另一种力量就是大气压力。因为在出口朝下的实验中，距出口最近的两三只壁蜂，总是毫不犹豫地选择向下走，这可能就是由于周围空气的刺激，这比地心引力的刺激作用更大。而上面几层的壁蜂之所以仍旧向上走，是因为蜂房隔板的阻碍作用减小了空气压力的影响，致使它们所受到地心引力远远大于大气压力。

为了证明这个结论，我又改进了实验：将一个两端开口的玻璃试管水平放置，这样壁蜂选择向右走或者选择向左走，不会受到地心引力的影响。而且这样也不存在挖洞的时候碎屑掉下来的问题，壁蜂也不会因为反复地清扫地面而烦恼，以至放弃劳动。此外，为了增强实验的效果，我特意选择力量较大的雌蜂做实验，不用身材矮小、力量弱小的雄蜂。

结果，我在水平管子里放的10个雌蜂茧羽化后，5只向左走，5只向右走。在我重新旋转试管后，结果仍是5只左，5只右。位于右半边的壁蜂，羽化后毫不犹豫地向右边的隔墙挖洞，没有一只碰左边的隔墙；相反，位于左

半边的壁蜂则向左边的隔墙挖洞，从没想过右边的隔墙。也就是说，它们在羽化后作出决定是非常快的，并非犹豫或者试探之后才不得已作出此决定。

后来，我用黄斑蜂做同样的实验，结果也是一半从左边出来，一半从右边出来。我又用棚檐石蜂做同样的实验，结果仍然不变，一半从左边的出口出来，一半从右边的出口出来。

最后，我又改变实验方式，换了一个一端开口另一端封闭的管子，结果所有的壁蜂都会向开口的一端走。如果一只壁蜂在蜂房里是头朝封闭的那端，那么它会掉转头，重新选择向开口的方向走。

结论再清楚不过了，大气的压力对壁蜂的走向选择有指导作用。如果是两端开口的管子，空气对左右两边的压力作用是相等的，管内的壁蜂能感觉到这种压力，就像天气闷热时我们能感受到一样。昆虫也知道，向着有空气方向的隔墙挖洞，需要挖的洞最少，障碍最小，最容易走出去。当然，一端开口一端封闭的管子内仍然是如此，它们仍旧向着有空气方向的隔墙挖洞，最终顺利走出去。

这不由得又让我想起另一个有趣的问题：如果我们人类像壁蜂一样，被关在这样一个黑漆漆的小屋中，左边和右边还有很多同样的牢房，我们知道出口在哪个方向吗？我们会感受到左边的大气压与右边的有什么不同吗？肯定不会。

因此，这个实验还告诉我们，壁蜂对大气压变化的敏感性，要比我们人类灵敏得多，这是它们的天赋。

最省力原则

壁蜂这种"一半向左，一半向右"的出去方式还让我有了另一个重大发现：它使每只壁蜂所花费的力气最小。

每只壁蜂要出去，都要做这两件事：在墙壁上挖洞；穿过一定数量的房间。最省力的方法，就是挖最少的洞，穿过数量最少的房间。而壁蜂所选择的这种"一半向左，一半向右"的方式，恰恰是最省力的方式。

举个例子来说，一个壁蜂窝有10只壁蜂，离左边出口最近的壁蜂，我们称它为L1，它有两种出去方式，向左和向右。如果向左，它只需要戳穿封口，穿过自己的房间就行了；如果向右，它可能要戳穿9个隔墙（假设前面的壁蜂没有羽化，隔墙都没有打开）和一个封口，穿过9个房间。结果，它选择了最省力的方式，从左边出去了。

左边第二只壁蜂，我们称它为L2，它也有向左和向右两种出去方式，如果向左，它需要戳穿1个隔墙，穿过1个房间；如果向右，它可能要戳穿8个隔墙（假设前面的壁蜂没有羽化，隔墙都没有打开），穿过8个房间。结

果，它也选择了最省力的方式，从左边出去了。

后面L3、L4、L5，及右边的R1、R2、R3、R4、R5，都是这样。这是用10只壁蜂做例子，如果是任意数字，我们就以N来表示，这样对这个蜂窝的壁蜂来说，第一只壁蜂出去的方式有向左、向右两种，第二只壁蜂出去的方式也有两种，它的每种选择与第一只壁蜂的选择相结合，就得出$2 \times 2 = 2^2$种排列方法，第三只壁蜂就有$2 \times 2 \times 2 = 2^3$种排列方式。以此类推，一窝壁蜂中有N只壁蜂，那么这窝壁蜂的出去方式就有2^n种排列方法。由于还要除去每只壁蜂的头转向左还是向右的概率，所以整窝壁蜂的出去方式就是$2^N \div 2 = 2^{N-1}$种，那么1个10只壁蜂的蜂窝，出去的方式应该是$2^9 = 512$种。

令人称叹的是，在512种排列方式中，壁蜂并没有经过反复的测试，毫不犹豫地就立即找出了"一半向左，一半向右"的最省力方式，也许这就是昆虫机械学中的"最省力原则"，这是它们综合数学知识和物理知识得出来的结论。

在我目前的实验中，遵守这种"最省力原则"的昆虫有三齿壁蜂、黄斑蜂、棚檐石蜂，它们在我的实验中无一例外地用了"一半向左，一半向右"的最省力方式。其他昆虫，如切叶蜂、流浪旋管泥蜂却没有作出这样的选择，这条"最省力原则"并不适用于所有的昆虫，但这至少从另一方面证实了三齿壁蜂是昆虫界杰出的数学家、物理学家。

美好的日子

春天来了，爱情也该到了吧！

很多人可能会觉得，在春天，春暖花开，阳光照耀，微风徐徐，正是谈情说爱的美好季节。事实上，昆虫也懂得这个道理。

扁桃树是春天的最好使者，才过二月，它便急不可耐地开花，那拼命长大的白花球，那玫瑰色的芽眼，似乎都在对春日的阳光微笑。杏花开得这么早，却一点也不担心没人给它授粉，它似乎知道，家蜜蜂和雄性壁蜂这批出生最早的昆虫，一定会帮自己完成授粉工作。

家蜜蜂的勤劳是众所周知的，现在就让我们来看看壁蜂。它们是蜂儿中最早苏醒的族群，只要有长时间的阳光直射，它们便会很快羽化，在百花绚烂时来到人间，愉快地采蜜、恋爱、造房子，度过它们美好的少年时期。

雄蜂羽化的时间更早，它一般早于雌蜂两周出现。雄壁蜂们飞出蜂房后，便在蜂房附近飞舞，好像在庆祝自己终于走出牢笼。若是吃饱了，它们

还会一边晒太阳，一边与同伴在地板上打闹，偶尔还会小心地帮同伴拭去翅膀上的尘土，有时，它们还会与同伴交换采来的蜂蜜呢！这种亲密无间的关系，让人不由得感叹大自然的祥和与美好。

除了享受玩乐和享受阳光，雄蜂吃饱了之后，还会再回到蜂房，认真地从一个蜂房飞到另一个蜂房，在每个蜂房的开口处认真检查是否有雌蜂要羽化了。只要一看到雌蜂羽化，一群雄蜂便立刻飞过去，向它发出爱的表白。可是雌蜂似乎并不想接受它们的爱情，只是用自己的大颚发出叮当的声响，好像在说"走开！走开！"。雄蜂被姑娘不耐烦的口气吓退了，它们纷纷退开几步。但是爱情的美好再次召唤它们，它们退开几步之后，马上又重新围上来，大颚也一张一合，好像在向姑娘炫耀自己。雌蜂被它们缠得没办法，

只好重新回到自己的蜂房。马上，这些小伙子们又一股脑追到它的门外，在窗口不停地呼唤。后来，雌蜂不得不走出来，它和小伙子们又重复起刚才的动作，如此反复了几次。

最后，雌蜂从蜂房里出来，但它不再挥舞自己的大颚，而是改为打磨翅膀。这些雄蜂们好像得到了什么信号，也停止挥舞大颚——它们飞了起来，一个比一个飞得高，成了一个立起来的柱子。柱子顶端的那只雄蜂，好像是这场爱情的获胜者，因为下面的雄蜂都想占据这个最高点。雌蜂很快就选择了飞得最高的小伙子，和它双双离开这种闹哄哄的场面，举行自己的婚礼去了。其余的雄蜂，并未被失恋击倒，它们很快便又去寻找其他羽化的雌蜂。

结婚后的雌蜂和雄蜂，各自都有自己的使命。作为家庭主妇的雌蜂，很快便担负起养家糊口的重任。它们开始寻找适合造房子的地方。找到一处地方，便不停地在这个地方飞舞，好像要将家的地址深深地印在脑海中。然后，它便准备筑巢，紧接着就是采蜜、产卵，开始自己繁忙的一生。

准备乔迁新居

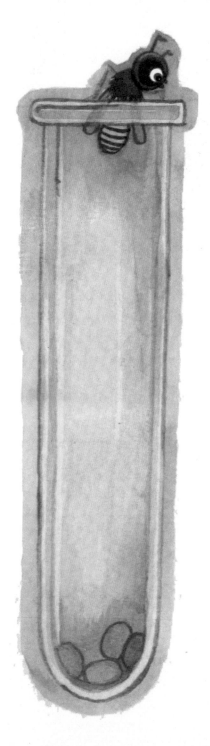

　　我在实验室里为壁蜂准备了很多可造房子的地方：大大小小的玻璃管、蜗牛壳、芦竹、纸管、旧蜂巢等等。总之，只要我觉得用得着的器具，都放在壁蜂的实验室里了。我立马发现，这些东西很快就被它们占据了，有的壁蜂甚至大胆地跑到我锁着的抽屉安家，更大胆的还占领了我放饼干的盒子。不过我发现它们最喜欢的还是我那些玻璃管，在它们看来，这也许就是一座水晶宫殿吧！

　　壁蜂对家园的渴望远远超过我的期望，我的实验室里所有符合它们安家条件的东西都被占据了，我不得不进行干涉，赶出很多壁蜂，只留下一些供我做实验用。

　　不过说到壁蜂对房址的选择，我这里有很多材料，也许昆虫爱好者会用得上：

　　三叉壁蜂和角壁蜂擅长用泥土造房子，在自然条件下，它们会挖很深的洞，然后用泥土造隔墙。

　　拉氏壁蜂喜欢某种产胶植物的叶

子，它把这些叶子嚼碎了，放在蜂巢内，做成隔墙和大门。

金黄壁蜂喜欢在死蜗牛壳中造房子，尤其喜欢在螺圈很大的轧花蜗牛壳中做窝。

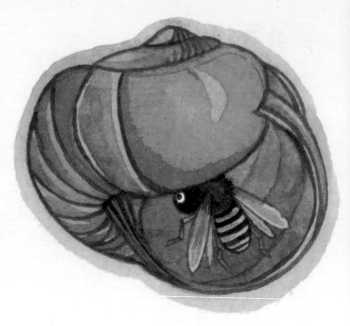

红毛壁蜂、杂色壁蜂则喜欢用森林和草丛里的蜗牛壳，我猜它们与金黄壁蜂的工作习惯差不多。

蓝壁蜂对房子没有太多的讲究，石蜂的旧巢中、树莓桩中都能找到它的房子。

三齿壁蜂则不喜欢用别人的旧巢，它们总是在树莓桩中挖一个蜂房，用挖剩下的木屑做隔墙。

其他还有绿壁蜂、红腹壁蜂、摩氏壁蜂、微型壁蜂，它们对房子的选择，无非也就上面几种，只是有各自的爱好罢了。这个话题暂且不谈，接着看我实验室的情景。

现在，实验室里清净多了。被我留在实验室里特别照顾的壁蜂，开始打扫住宅。旧蜂巢里残留的茧、蜂蜜，隔墙上脱落的碎片，蜗牛壳里蜗牛的遗体，或者其他碍事、不干净的残渣，都成为壁蜂清理的对象。对于这些垃圾，壁蜂毫不留情地拉扯，并用力甩开，一直将它们甩到实验室以外。它是这样一种爱清洁的生灵，即便是我用清水冲洗干净的玻璃管，它也要再清扫一遍，用跗节上的刷子一遍又一遍地清理，直到它们觉得干净了为止。

房间打扫干净之后，壁蜂便开始修补房子了。这项工作很简单，由于管子和蜗牛壳就是现成的通道，它们只需在蜂房与蜂房之间竖一道隔墙就行了。隔墙的材料，或者是绿色植物的黏合物，或者是泥土，这要看各种壁蜂的特长。如：拉氏壁蜂喜欢用绿色植物黏合物造隔墙；角壁蜂和三叉壁蜂擅长用泥土造隔墙；青壁蜂则擅长用黏性很强的混凝土造隔墙。总之，不管选择什么材料，它们都能将房间打造得结结实实，使隔墙既能隔开卵与卵，又便于孩子们羽化后钻破。

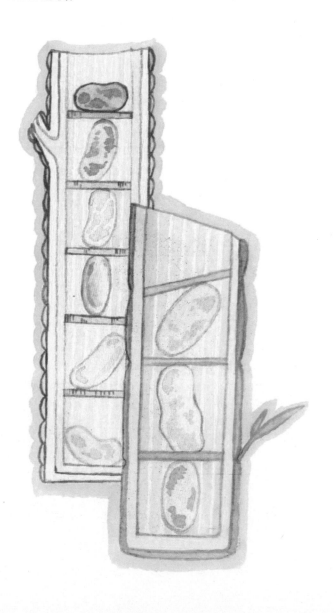

几何测量工作

　　也许你被我这种不厌其烦的叙述给弄烦了，事实上这只是一个开始，因为我在它们这种漫不经心的工作中发现了几何学，这不是一个令人振奋的消息吗？

　　三叉壁蜂在做隔墙的时候，我发现，它总是用大颚带着砂浆走进蜂房，先用前额"摸"一下前面的隔墙，同时腹部保持颤动，与将要建造的隔墙保持接触。这个动作，很像用身体测量长度，就好像我们躺在床上努力伸展，来测量床的长度一样。隔了一会儿，它又重复这样的动作，用头部触摸前面的隔墙，用尾部触摸后面的隔墙，它的身体就像一把尺子一样，平躺在两堵隔墙之间。毫无疑问，它就是用自己的身子在测量两堵隔墙之间的距离。

测量完毕，我还惊异地发现，大颚只是运送泥浆的工具，真正建造隔墙、粉刷隔墙的工具，是它的腹部和肛门。它将泥浆运到隔墙的地点，然后用腹部末端轻轻地敲击、轻抹，好像我们造房子的时候，将砖块放下再敲击一下的动作，那轻抹的动作，则像抹刀在抹泥。与此同时，它的肛门则发挥搅拌机的作用，不断将泥土搅拌、弄平，最终轧制成一个小土块。如果不是亲眼看到，谁会想到三叉壁蜂的砌墙工具是身体的后部呢？

请原谅我一看到神奇的地方就忘了文章的主题，因为这种劳动方式实在是太奇怪了，现在我接着谈它的测量工作。

在下结论之前，先来看看这些数据，它们是蜂房之间隔墙的距离：

一根内径为12毫米的玻璃管，共有10个蜂房，从底端到顶部，隔墙之间的距离分别是（单位为毫米，以下同）：

11，12，16，13，11，7，7，5，6，7。

一根内径为11毫米的芦竹，共有15个蜂房，从底端到顶部，隔墙之间的距离分别是：

13，12，12，9，9，11，8，8，7，7，7，6，6，6，7。

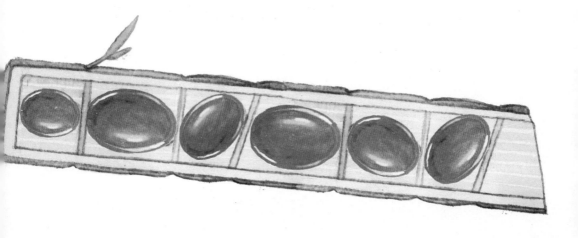

一根内径为5毫米的芦竹，隔墙之间的距离分别是：

22，22，20，20，12，14。

内径为9毫米的蜂房，隔墙之间的距离分别是：

15，14，11，10，10，9，10。

内径为8毫米的蜂房，隔墙之间的距离分别是：

15，14，20，10，10，10。

类似的数据有很多，我可以列满整张纸。但这完全没必要，这组数据足能够让我们找到共性，那就是：

1.底部隔墙之间的距离较大，底部房间较大；顶部隔墙之间距离较小，顶部房间相对较小。

2.管道的直径越小，隔墙之间的距离越大；反之，管道越粗，隔墙之间的距离越小。

对于第一个结论，事实是这样的：房间大、相对安全的底部房间，住的是雌蜂，房间小、在外层相对不安全的顶部房间，住的是雄蜂。这是我在以后的实验中得出的结论，你将会在下一章中看到。

第二个结论，我想就是几何学上的问题了。如果我们将每个蜂房长度与内径相乘，你将会发现上面几个蜂巢中底部蜂房的面积，几乎差不多。

小贴士：壁蜂的无奈

你知道吗？自然界中有一些现象是很残酷的。

以壁蜂来说吧。壁蜂妈妈产卵结束，便在蜂房外面筑起一道坚固的围墙，然后将几倍于隔墙的砂浆，全部涂抹在围墙上，为孩子们做成一个非常结实的大门——这样任何偷吃蜂蜜的昆虫就进不来了。然后，它站在蜂巢外面，仔细地检查房子，只要看见房间还有一点点空隙，就立刻用泥土封起来，确保一粒沙尘也进不去。这种细致的修补工作，壁蜂妈妈一连干了几个小时，却一点也不会觉得累。还有什么是比孩子们的安全更重要的呢？也许壁蜂妈妈是这么想的，否则它不会如此热忱地投入到这项劳动中。

事实上，壁蜂妈妈在照顾孩子方面永远都是这么细致入微。打开它的蜂房，我总会发现，它总是细心地将卵产在食物的正中间。这是为什么呢？原来，它的卵不是横躺着的，而是竖立着的，前端比较自由，后端则牢牢地固定在蜂蜜和花粉之中。这样孩子在进食的时候，只要弯下头来，就能吃到嘴边的蜜团，待它慢慢长大了，会移动了，就可以去吃远处的蜜团了。

啊！我还发现，正中间的食物非常柔软，那是些精细甘甜的蜜和少许花粉。而边缘的食

物，则是没有加蜜的花粉，这种食物可是有些硬，幼卵恐怕难以消化。现在，我明白母亲将孩子产在食物正中间的第二个原因了：卵幼年的时候，刚好可以吃中间容易消化的蜜，稍微长大一些，消化能力强一些，就可以吃远处稍硬的花粉了。相反，如果母亲粗心大意，随随便便将卵产在食物旁边，消化能力很差的幼卵很可能因为吃硬食物而噎死。这种将卵产在正中间的做法，正是壁蜂妈妈伟大母爱的一个体现。

下面我要讲的就是事情的转折了。尽管壁蜂妈妈如此细心，如此谨慎，力保孩子不受到一点点伤害，但是对于有些事情，它却是无能为力，那就是强盗卵蜂虻和弥寄蝇的入侵。

卵蜂虻总是出现在产卵完毕的蜂巢附近。无论壁蜂妈妈将大门建造得多

么结实，墙壁打磨得多么牢固，这个强盗，不知用了什么武器，却总是能轻而易举地穿过堡垒，直接进入壁蜂的蜂房，将壁蜂的卵汁吃掉。

弥寄蝇这个家伙更不客气，通常壁蜂妈妈还在建房子，它便守在人家门口，趁壁蜂妈妈回家放蜂蜜时偷偷溜进蜂房，将自己的一二十个孩子产在里面。将来，这一二十只小弥寄蝇就会成为一群强盗，毫不客气地享用蜂房里的蜂蜜、花粉，将原本属于壁蜂幼虫的食物吃光，结果壁蜂幼虫还没结茧，就因为缺少粮食而活活饿死了。

可怜的壁蜂妈妈，它辛苦了一个夏季，自己的孩子却很难享受它营造的舒适小窝，结果白白为他人作嫁衣。我不禁为它们的命运担心起来，可这又有什么办法呢？大自然使你们勤劳，为你们提供蜂蜜，可它同时也给你们带来了可恶的寄生虫。它总是为大家安排这种有得也有失的生活方式，谁也无法逃脱。

西芫菁

寄生者

我在条蜂洞里看到了这样一幅场景：许多蜘蛛网像一堆堆乱麻一样结在蜂房的角落里，一根根丝管像无数魔爪一样伸进条蜂的巷道中。实际上，当辛勤的条蜂劳动完毕离开以后，这里就慢慢荒无人烟，成为一座冷冷清清的空城——这才是蜘蛛们肆虐的原因。如果你想见到这个城市真正的居民，还需要找一把刀子，往地下挖，你会发现几千只幼虫或者蛹正躺在地下蜂房里沉睡呢——它们都在等待来年春姑娘那温情的呼唤。

这些沉睡不醒的小生命，还有那装满了蜂房的蜂蜜，难道没有谁发现这是一座充满诱惑的城市么？难道没有任何寄生虫发现这里堆满了美味的食物？

我不相信这些蜂房会像表面上所看到的那么平静。

往那边瞧！那只穿着半黑半白衣服的是谁？那绝不是勤劳的条蜂，也不是忙碌的壁蜂。慢慢走过去，哦，原来是一只卵蜂虻，它看起来无精打采的，好像因为没找到可寄生的对象而沮丧。

那边的景象更壮观：整个陡峭的边坡上都是西芫菁的尸体，也许它们是

48

辛勤劳动之后累死了吧？在这些尸体中间，偶尔会发现一只忙碌的雄性西芫菁，它正来来回回地乱飞。它在这里干什么呢？是悼念死者吗？不是的，一旦被它发现一只雌性西芫菁，它便不管三七二十一，立即与它相爱。激情过后，雌西芫菁怀孕了，于是这位准孕妇就挺着大肚子，钻进蜂房的一个巷道里，不见了，谁也不知道它去干什么去了。

条蜂窝的上层是壁蜂的窝。这个窝略显粗糙，蜂房与蜂房之间的隔板很薄。如果有外敌入侵的话，里面的幼虫根本无力抵御。壁蜂幼虫似乎知道这一点，所以自己躲在一个十分坚固的茧里，这样它才能避免那些喇叭虫、圆皮蠹们的大颚。

正是由于条蜂妈妈和壁蜂妈妈的精心安排，这些小生命才能免于寄生虫的捣乱，在这里安睡——原来我

是这么想的。

可是，当我好奇地打开一些壁蜂茧之后，我发现这里躺着的不是壁蜂幼虫，而是一种奇怪的蛹。只要我晃动一下这个茧，它就在里面晃动起来，而不是结结实实地与茧融为一体。我将这个茧拿到太阳底下，不久它便孵化了，原来是一只卵蜂虻！

我继续挖，挖到条蜂蜂房了，这里的情景更令我吃惊。除了一些条蜂幼虫，这里还住着寄生虫毛斑蜂。眼前还有另一种琥珀色的蛋形茧，它肯定也不是条蜂幼虫。我仔细观察这种茧，发现它分成几个节段，上面还有芽蕾呢！透过透明的外壳，我发现，原来里面住着一只西芫菁。

现在我彻底明白了，除了专咬幼虫的喇叭虫、圆皮蠹，偷吃蜂蜜的毛斑蜂等寄生虫，这座地下城市里，还有很多卵蜂虻、西芫菁，前者寄生在壁蜂身上，西芫菁则专门找条蜂寄生。

一分钟的爱情

其他寄生虫，我大概知道是怎么回事，所以也不必太在意。但是西芫菁却令我疑惑了：蜂房埋得这么深，西芫菁是怎么找到这里的？蜂房这么牢固，小小的西芫菁是怎样入侵进去的呢？

带着这两个疑问，我搜集了大量西芫菁茧，拿回家研究。现在，我有充分的时间观察西芫菁的羽化过程。

这个小家伙在里面躺够了，便准备出来。它用自己的大颚随便在茧上戳几下，茧便破了，再用腿在破口扒拉几下，它就可以出来了。出来之后它该出去找食物了吧？

不是这样的，它们一出生就寻找爱情，然后产卵，死去。它们的生命就结束了。这种生活方式，是我亲眼所见。

一只雌西芫菁出世了，它的头刚刚钻破茧蛹，正焦急地扒拉着束缚自己的茧蛹。一只雄西芫菁飞了过来，它爬到茧蛹上，不停地用自己的大颚戳茧蛹，似乎想要帮雌西芫菁逃脱茧蛹。在它的帮助下，茧的后面很快就出现了裂缝，我正想看它怎么将雌西芫菁拉出来，因为这位姑娘还有3/4的身体仍在茧蛹里呢！没想到，这个急不可耐的家伙，便急切地拉着雌西芫菁，趴在它

的茧上与它交配了整一分钟。

是不是所有的西芫菁一出世都是这样急切地相爱呢？我观察了几次，都是雌西芫菁一出世，雄西芫菁便急切地帮它脱去茧蛹，然后它们便进行交配。如果雌西芫菁已经完全自由，雄西芫菁便直接趴在雌西芫菁身上。

雌西芫菁会不会像其他昆虫一样，结婚后就将自己的丈夫吃掉呢？我怀着好奇继续观察。我发现，这两个小东西完事之后，就用大颚将自己的大腿和触角都收拾干净，然后各奔东西。如果不是在我的实验室里，而是在自然的状态下，雄西芫菁会找一处土坡躲起来，在一处缝隙里奄奄一息地躺两三天，就死去了。雌西芫菁在交配完毕之后，则立刻找到附近的条蜂窝，在蜂房的过道里产卵，产卵之后也立刻死了，这就是我会在蜂房外面看到那么多西芫菁尸体的原因。

现在看看，西芫菁的成虫，既不吃食物，也不捕猎，更不造房子，它们来到这个世界的唯一目的，就是结婚生孩子，然后便立即死去。它们在地底下沉睡一年，只为获得这一分钟的爱情，然后便义无反顾地死去。这是一种多么奇怪的生活态度呀！

西芫菁的卵

　　我就是想知道西芫菁幼虫是怎样出现在蜂房里的，所以我急切地想知道雌西芫菁将卵产在什么地方。于是我将一只怀孕的雌西芫菁放到一只大玻璃瓶里，然后在里面放了几块有条蜂蜂房的土块，并模仿条蜂窝，在里面放了一个圆柱形管子，当作蜂房之间的巷道。

　　现在，雌西芫菁挺着大肚子向条蜂窝走来了，它小心地检查蜂房的各个角落，用自己的触角向各处搜索、探察，这样小心翼翼地探索了半个小时，它似乎找到了满意的产房，于是便把头伸向外面，腹部伸进角落里，在那条圆柱形管子上产起卵来。

　　卵是白色的，呈蛋形，很小，只有0.6毫米。但这些卵的数目之多，却是我先前所没预料到的。雌西芫菁在那个地方，一动不动地连续生产了36个小时。我发现，几乎不到一分钟，它就产下一个卵，36个小时，就至少产下了2160个卵。众多的卵，彼此松散地粘在一起，堆在圆柱形管子上，像一大堆还没成熟的兰花种子。

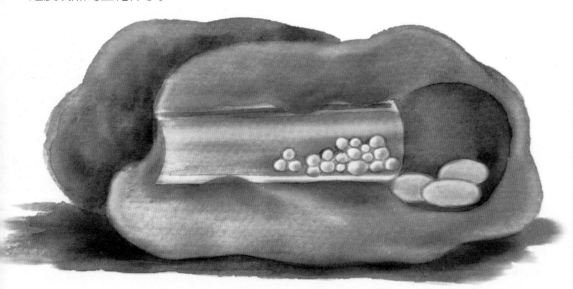

产卵完毕，雌西芫菁便死了，它不像其他昆虫妈妈一样，将孩子所在的地方堵上以防止寒冷或者其他昆虫带来的危险。这些卵，就毫无遮拦地躺在过道里，没有温暖的房子，没有丰富的食物，像被遗弃的孩子一样。

这时候我突然想起来，我是在条蜂蜂房里发现西芫菁茧的，为什么现在这些西芫菁的卵却在蜂房外面的过道中呢？难道是我的实验出现了误差，那只雌西芫菁不得已随便找了一个地方产卵？我又找了别的怀孕的西芫菁做实验，结果它们仍然是将卵产在过道上，没有食物，也没有保暖设施。

也许自然状态下它们也是这样的吧！我暂时搞不清楚这个问题，只好观察下面事态的发展。

那些没妈的孩子，在这光秃秃、冷飕飕的过道里躺了一个月，便孵化了，我记得这时候是九月末十月初，天气还不算太冷。这些出生的幼虫身长也才1毫米左右，腿看起来很强壮，但却没法移动。它们从卵壳里出来之后，就一直躺在乱七八糟的卵壳之间，一动也不动。我用针尖轻轻地拨动这

些碎壳皮，它们也只是动一动而已，但仍然没什么太大的反应。我将它们从卵壳里拿开，它们便重新返回那堆乱七八糟的卵壳之间，仍旧和大家乱糟糟地挤在一起。不管我怎么扒拉这些小东西，它们最终仍然选择回到这堆卵壳中间，彼此拥挤在一起。也许这里面比较暖和吧，我只能这样解释。

不会走路的家伙

　　我饲养的那些西芫菁卵，一直这样孤零零地在实验室里躺了半年，一直到第二年四月底，它们都没什么举动。我这里提到"饲养"，其实也不准确，因为它们根本不需要吃东西，只是一动不动地躺在过道里而已。

　　趁它们无所作为的时候，我仔细观察这些幼虫的形态，为了便于读者理解，请看下面它们的"肖像画"。

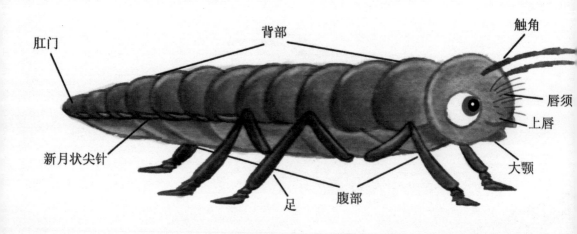

　　由于后来我发现这些西芫菁幼虫在生长和发育的过程中有多次形态变化，所以便将最初见到的这些西芫菁幼虫称为"初龄幼虫"。

　　这些初龄幼虫，平常都是躺在碎裂的卵壳上，如果它想走动的话，腹部体节之间的膜便先露出来，全身弯成拱形，第八体节则和第九体节拉伸成乳头状，两根尖针便猛地竖起，叉开成一个新月的形状，然后便慢慢走动。

　　也许读者并不能从这样的描述中发现什么。实际上，初龄幼虫的走动是非常奇怪的，因为它一定要靠全身体节和新月形尖针的配合才能保持平衡，所以它们很容易摔倒。为了预防这一点，它的肛门便分泌出一种黏液，将它的身体牢牢粘在地面上。再加上灵活粗壮的爪和尖利的新月形尖针，这才确保它能够紧紧地抓住地面，不会轻易摔倒。

很明显，这并不是一种善于行动的幼虫。至于它为什么长成这么一副奇怪的样子，而不像其他昆虫的幼虫那样肥嘟嘟的，我现在也解释不了。只好期待夏天快些来到，好让我看到它是怎样生活的。

总之，随着研究的深入，原有的疑惑不但没有解开，我反而越来越好奇了。这么一个连走路都走不稳的小家伙，怎么才能潜入别人的蜂房，偷盗别人的粮食呢？

虽然我现在不知道这是为什么，但我知道，大自然安排这一切都是有它的道理的。初龄幼虫那些奇怪的器官，一定会在关键时刻发挥重要的作用。

让炎热的夏天快些来吧！

什么都不吃吗？

五月到了，原来躺着一动不动的初龄幼虫，似乎听到大自然对它的呼唤，开始行动起来。

它们手忙脚乱地离开那个一度不愿放弃的卵壳，在瓶子里四处奔走，看起来很急切。它们已经不吃不喝地在这里躺了7个月，该饿了吧？它们会吃什么呢？

果然，像所有贪吃的寄生虫一样，它们搜索了一阵子，便来到条蜂的蜂房。之前我并不知道它们吃什么，所以实验开始的时候，我选择的这些蜂房，有的里面生活着蛹，有的生活着幼虫，当然，每个蜂房里都有很多蜂蜜。

但是后来我发现，面对设施齐全的环境，初龄幼虫没有表现出丝毫兴趣。我甚至用我已有的常识，将初龄幼虫放在条蜂幼虫胸口，以为它会喜欢吃那里鲜嫩的肉，但对于我热情的帮助，初龄幼虫仍旧没有表现出丝毫的兴趣，宁愿饿死也不下口。

那么它就是想吃蜂蜜了，我这样推测。于是我又将几只初龄幼虫放到蜂房的蜜中。为了显示我的人道主义精神，充分照顾每只初龄幼虫的需要，我将有的幼虫放到蜜的表面，有的放在蜂房的内壁上，有的则放在蜂房的门口，这样它们可以自己找到食物。但它们对于我的热情依旧不领情，那几只被放在蜂蜜表面的初龄幼虫，甚至被黏糊糊的蜂蜜淹死了！

你们不吃蜜，不吃肉，还想吃什么？你们宁愿挨饿也不吃我辛辛苦苦给你们准备的食物，究竟还想怎样！我搞不清楚这个问题，又白白浪费了搜寻回来初龄幼虫，心里真是懊恼透了。现在卡班特拉郊区的条蜂也停止了造房和采蜜，我没法观察到自然状态下初龄幼虫是怎样进食的，只有等待来年了。

　　你们真的什么都不用吃吗？我可不相信你们这些不劳而获的家伙只是闯到条蜂蜂房里玩赏，我坚信你们一定会在这里搞破坏的！

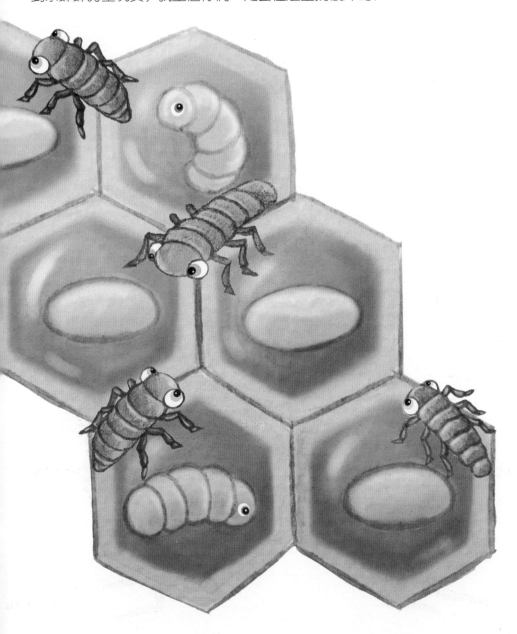

一线转机

　　我将我对西芫菁的看法告诉了博物学家杜福尔。他告诉我，他曾在土蜂的身上找到了短翅芫菁幼虫。短翅芫菁与西芫菁应该是相似的昆虫，于是鼓励我也在条蜂身上找找看。

　　他说得不错，我也在条蜂的蜂窝内找到过几只短翅芫菁幼虫，西芫菁幼虫应该也会跑到条蜂身上去的。于是，我随便抓了一只壁蜂，然后将壁蜂放进有初龄幼虫的实验瓶里，反正壁蜂与条蜂差不多。15分钟之后，我用放大镜观察，发现那些对什么都不感兴趣的小家伙，竟然一致趴在壁蜂胸部的毛皮上。后来我又抓了十几只条蜂试验，结果都是一样的，那些初龄幼虫们对

待这位新"猎物"非常感兴趣，纷纷争先恐后地趴在它的胸上。

尽管已经发现了这个秘密，但我依然决定找出更具有说服力的证据。于是便到卡班特拉郊区寻找答案。

这次我可是满载而归了。由于天下着小雨，条蜂没有出外采蜜，而是蜷缩在洞口避寒，我很容易就用镊子捏出几只来，然后用我随身携带的放大镜观察。我发现，每只条蜂胸上都有几只初龄幼虫，无一例外。我换个蜂窝检查，结果仍然是一样，每只冻得瑟瑟发抖的条蜂身上都有几只西芫菁的幼虫，不管换多少蜂窝，没有一只条蜂胸上不趴着几只这样的小东西。

后来天晴了，我又去了卡班特拉观察。结果发现3/4的条蜂胸上，都趴着几只西芫菁幼虫。而以前，那些只在蜂房过道里才会出现的西芫菁幼虫，一只也找不到了。

现在我已经确定，这些小东西出生之后的第一个活动，就是找到条蜂，然后趴在它们胸前。它们是准备吸食条蜂胸前的汁液吗？肯定不是的，原因有三：

一、我是在蜂房里发现它们的茧，它们最后一定要进入蜂房。

二、实验说明了这一点，我把一只死去的条蜂放到初龄幼虫面前，但它们并不吃，而是习惯性地爬到条蜂的胸上，然后就一动不动了。

三、它们没有为了便于攻击条蜂就趴在条蜂胸前最嫩的肌肤上，而是趴在条蜂身上最粗最硬的部位，如翅窝上、头上、毛上。

那么，初龄幼虫们会不会像鸟虱那样，专门吃条蜂的毛？

也不是，如果靠吃毛为生的话，初龄幼虫需要一个粗壮有力的大颚。但它的大颚那么细小，放在显微镜下尚且看不见，又怎么可能用来啃咬、咀嚼消化条蜂的毛呢？

　　况且，我将几只初龄幼虫和条蜂放在一起养，条蜂们并没有任何被咬、被啃的痛苦迹象。

　　总之，种种迹象表明，初龄幼虫在条蜂身上什么也不做。

　　那么，它为什么还要跟着条蜂呢？它又怎样完成它的寄生呢？

偷渡者

　　合理的解释只有一个：初龄幼虫紧紧贴在条蜂的身上，只是为了"搭载"它的身体进入蜂房。

　　只有这样，才能解释它们上述种种不可思议的行为，而且同时也解释了它们身上那些特殊的器官。

　　条蜂经常出去采蜜，身体经常与花丛接触，回蜂房之后还经常用腿刷毛，总是将自己收拾得干干净净的。初龄幼虫若想在"偷渡"时不被它刷掉，就要具备特殊的器官，使自己牢牢粘在条蜂身上。

　　而实际上，初龄幼虫有很多的器官能确保自己一直粘在条蜂身上。

　　首先是新月形尖针。这两根尖针交叉着靠拢在一起，能牢牢地夹住条蜂的毛，比镊子夹得还紧。

　　其次是黏液。随着条蜂身体上下起伏的变化，初龄幼虫并不是所有时候都能紧紧抓住条蜂的毛，一旦发现自己快掉下来了，它的肛门就分泌出黏

液，像胶水一样将自己牢牢地粘在条蜂身上。

第三是纤毛。初龄幼虫的腿上和爪上有很多纤毛。初龄幼虫在走路的时候，这些纤毛起不到丝毫作用，还非常碍事。但是如果它的活动只限于抓住条蜂的身体，那么这些纤毛就很有用了，它就像锚一样将初龄幼虫系在条蜂身上。

你们看，这些小家伙一孵化完成就已经准备好了全套的偷渡工具。可是，难道它还没出生就已经预知它要抓住条蜂的身体才能转移自己了吗？我不知道，我只能说，大自然安排的一切都是有道理的，它为初龄幼虫安排那么奇怪的器官，就是为了使它方便地将自己最终送到蜂房中去。

于是我脑海中形成这样一副画面：初龄幼虫平常都躲在过道门口，等到条蜂打开蜂房准备飞出去，或者从外面飞回来的时候，它们立刻爬到条蜂身上，钻进条蜂胸毛中，紧紧地贴在它们身上，直到条蜂这个运载者回到蜂房，它们才结束了自己的偷渡旅行。

渡 船

　　说到运送，我又发现了一个现象。那就是，初龄幼虫偷渡的"船只"，都只是雄条蜂，我还没有发现一只雌条蜂身上有西芫菁的幼虫。这又是为什么呢？

　　与大多数膜翅目昆虫一样，条蜂也是雄性先孵化，雄性条蜂比雌性条蜂早孵化1个月。雄条蜂一孵化，就走出蜂房，飞向外面美好的世界。蜂窝里的过道，是它的必经之路，而这里聚集了很多西芫菁的幼虫。因此，一旦雄条蜂走出蜂窝，这些偷渡者便争先恐后地爬到它的身上，成功地将自己紧紧地贴在条蜂胸上。虽然并非每只条蜂出门的时候都会被它们盯上，但条蜂总要回蜂窝的，尤其是下雨的时候。于是那些没被西芫菁幼虫缠上的雄条蜂，在家门前的前庭和过道中避雨的时候，也一定会被一直守候在这里的寄生虫给缠上。

　　这种情况大约持续了一个月左右。过道内的西芫菁幼虫几乎全部都找到了搭载的"船只"，成功地将自己粘在雄条蜂身上。这时候，雌性条蜂也该

孵化了。当它走过过道的时候，已经没有或者只有很少的西芫菁幼虫了。我自然难在它们身上找到西芫菁幼虫。

仍然有疑问：产卵的是雌蜂，最后进入蜂房也是雌蜂，附在雄条蜂身上的西芫菁幼虫，是怎样将自己转移到蜂房的呢？

这个问题非常简单，那就是，当雄条蜂与雌条蜂交配的时候，西芫菁幼虫又从雄条蜂身上转移到雌条蜂身上，然后跟随雌条蜂顺利进入蜂房。

虽然这还只是我的推论，但要证明这个结论非常容易。

我将一只身上有西芫菁幼虫的雄条蜂跟一只雌条蜂关在一起，并强行让它们身体保持接触了20分钟左右。后来我就发现，雄性条蜂身上的西芫菁幼虫就都转移到雌条蜂身上了。

除了实验室的证明，这个结论我在自然状态下也找到了根据。我在阿维尼翁抓了一些采蜜归来准备产卵的雌条蜂，结果发现，西芫菁幼虫就趴在雌条蜂的胸部，时刻准备着随它们进入蜂房。

我为自己终于发现了西芫菁的秘密而激动。西芫菁幼虫自己这时候应该也很高兴吧，经过长期辛苦的偷渡，它们现在终于快要到达目的地了！

终于登陆了

我想要看看偷渡者是怎样着陆的，便打开一些蜂房观察。

有的蜂房里躺着一只条蜂幼虫，它正在吃蜂蜜；有的蜂房没有条蜂，只有一个孤零零的白色卵躺在蜂蜜中。在相当多的蜂房中，我都能发现有西芫菁幼虫趴在条蜂的卵上——它终于到达了它的目的地。

我在有西芫菁幼虫的蜂房中，没有找到一个可钻进去的裂缝或者洞，条蜂妈妈把蜂房堵得结结实实的。很明显，西芫菁幼虫是在蜂房封闭之前进去的，而且一定是在条蜂正产卵的时候终止偷渡，在蜂房里最后落脚。为了证实这两个结论，我做了下面几个实验。

我准备了一些已经装满蜜、产过卵的条蜂蜂房，然后将这些蜂房和几只西芫菁幼虫放在一起。结果，西芫菁幼虫对眼前这一切丝毫不感兴趣，只是偶尔跑到蜂房门口看看而已。

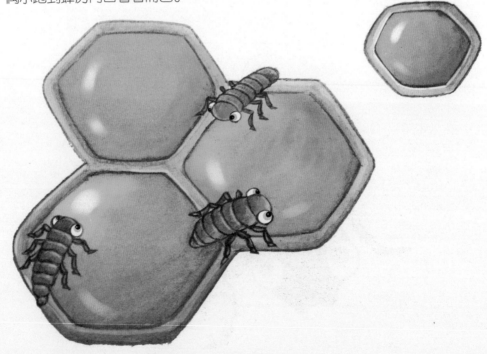

如果我放进去几个只装了一般蜂蜜的蜂房，有些大胆的西芫菁幼虫可能会走进去看看，但它的腿很容易被黏糊糊的蜂蜜给粘住，导致它们很快就淹死了，所以大多数西芫菁幼虫，只是在蜂房外徘徊，不敢进去。

这些实验告诉我，在已经装着蜂蜜和条蜂卵的蜂房中，以及在只装着蜂蜜的蜂房中，都不可能找到西芫菁幼虫，它为了防止淹死，是不会自己进去的。我之所以会在有条蜂卵的蜂房中找到西芫菁，就是因为它在条蜂产卵的时候才跟着进去。条蜂产完卵，便封闭了蜂房，西芫菁幼虫自然也被封锁在里面，所以我在条蜂的蜂房上找不到裂缝。

至于它着陆的细节，我猜是这样的：几只西芫菁幼虫同时抓着条蜂胸部的毛，在条蜂准备产卵的时候跑到它的腹部，当条蜂产卵产到一半的时候，一个离卵最近的西芫菁幼虫，便借着有利地形，及时抱住了卵，然后跟随卵一起滚到了蜂蜜的表面。条蜂卵充当了救生艇的作用，所以这时候进来的西芫菁幼虫不会被蜂蜜淹死。

关于西芫菁幼虫的着陆细节，虽然我没有用实验证实，但我认为事情的真相跟我的猜测应该相差无几，因为合理的解释只有这一个。

多么愚蠢的母亲！它将孩子带到这个世界的同时，也将孩子的天敌带到了孩子面前。它以为自己做完筑房和采蜜的工作，就是完成了一个母亲神圣的使命，然后就潇洒地堵上了蜂房的门，却从未料到它已经将灾难推到了孩子身边。

第一道餐

西芫菁出生后的第一道餐点是什么?

我从来没有想过研究这个问题。但是,西芫菁幼虫不平常的举动却让我对此产生了极大的兴趣。

就我目前所知,它不吃蜂蜜,不吃条蜂幼虫,附在条蜂身上却不啃食。那么,它终于到了自己的目的地,仍旧会不吃不喝吗?

那只跟随条蜂妈妈偷偷来到蜂房的西芫菁幼虫,终于开始有所行动。我看到,它趴在那个白嫩嫩的卵上,用自己的六条腿牢牢地站好,然后用大颚的尖钩抓挑蜂卵的外壳,一下、两下……最终,它抓破了卵壳,让卵里的汁液流出,然后用力地吸吮起来。

啊！这个可恶的家伙终于露出了自己的本来面目，原来它生命中的第一道大餐就是条蜂的卵。它不吃蜜，不吃肉，就是为了饿空肚子，等待今天的盛宴。于是我看到，在后来的8天里，这只贪婪的寄生虫就一直吸吮着条蜂卵。最后，卵壳中的汁液差不多被它吸完了，它还知道从卵壳的一头走到另一头，再抓破一处地方，然后继续吸吮，直到将卵吸得只剩下一片干巴巴的卵壳。

它的生长速度也是惊人的，它一边吸吮条蜂的汁液，一边长大，小小的卵壳几乎要装不下它了。前面我讲过，初龄幼虫单独在蜂房里时，总是被黏糊糊的蜂蜜给淹死。现在，条蜂的卵就快被它吸完了，几乎没有能力继续承载它，可它总能小心翼翼地让自己附在卵壳上，卵壳又成了它救命的豪华大船。

这样，它就一边享用大餐，一边在豪华大船上享受生活。吃吧！吃吧！等你吃成个大胖子，看你会不会淹死！

8天后，初龄幼虫吸完最后一滴汁液，抹抹嘴，就餐完毕。现在，它的体形已经有原来两倍那么大。最奇怪的是，它不但体形变了，连形状也变了——一个白色肉乎乎的小东西从初龄幼虫的头部裂缝中滚出来，它跌跌撞撞地，一下子就跌落到蜂蜜上，打翻了旁边的条蜂卵壳和初龄幼虫的外壳。这些曾经是它的救命筏很快被黏糊糊的蜂蜜给淹没了。

这就是二龄幼虫了，可它并不怕被蜂蜜淹死，原因仍在于它特殊的体形。

多次变态

西芫菁发育到二龄幼虫，我以为它从此就以这种形态出现了，可是我又错了，在长达1年的漫长时光里，我目睹着它的形态进行了一次又一次的改变，时常带给我新的刺激。

先看二龄幼虫：

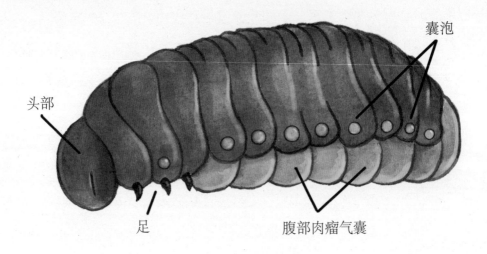

二龄幼虫应该是在吃蜜，我借助于放大镜观察，甚至能看到它的消化道正因为进食而不断地波动。它维持着这样的进食速度，差不多40天左右的样子，终于吃完了整个蜂房内的蜂蜜。这时候它的身体已经又长大了一些，变成一只肥嘟嘟的大肥虫。如果不是一开始就研究西芫菁，我真不敢相信这就是西芫菁的幼虫呢！

现在所有的食物都已经吃完了，二龄幼虫便一动不动地呆在那里，不断地排出一些淡红色的粪便，直到它的肠胃已经没有东西可排为止。然后，它缩起身子，褪掉身上的外衣，又变成一个新的模样。这就是三龄幼虫。

在我所有的昆虫研究中，我还没有见过这样奇怪的变态。这次它的形态，和鞘翅目其他昆虫的蛹很像，只是少了蛹的角质表皮和附器而已。我干脆把它叫做"拟蛹"，意思是跟蛹很相似的东西。

拟蛹出生之后，就一直呆在原来的外壳中。如果不是特意扒开来看，它现在跟二龄幼虫没什么区别。你可不要被这种外表所迷惑，里面正在进行着新的变化。到了来年6月，我发现它的形态又改变了！

这种接二连三的变化令我目瞪口呆，我现在只好称它为四龄幼虫。

四龄幼虫与二龄幼虫一模一样，我实在不知道怎样解释这些改变。只知道四龄幼虫一出生，便像普通的蛹一样，进入了昏睡期。在此过程中，它会时不时地排出一些白色粪便。

半个多月之后，四龄幼虫又褪掉一层外衣。之后，它扒开周围的残壳和粪便，戳穿条蜂妈妈用来堵蜂房的塞子，潇洒地走出了蜂房。

现在，它已经是一只真正的西芫菁了。

拟 蛹

一个生命在一年之内的历程，短短几百字怎么可能描述得清楚呢！上述只是西芫菁变态的大概过程，为了让大家更深刻地了解西芫菁的变态过程是多么奇妙，下面详细介绍一下西芫菁三龄幼虫，即拟蛹的情况吧。

在整个冬天和来年的春天，拟蛹一直躲在二龄幼虫的外壳中。我用显微镜仔细观察它的一举一动。

最初，它的背部是隆起的，腹部先是平的。后来越来越突出，背部的侧面也随着背部和腹部的变化而下陷，整个身体逐渐像一个钝角三角形。可是到了来年的6月份，我发现它的身体已经没有这么干瘪了，身体像被吹大了一样，成为一个椭圆球。四龄幼虫就是从这个球中裂变出来的。

由此看来，即使是同在拟蛹时期，它的身体结构仍在不断地发生变化。

最令我惊讶的是这个小家伙竟然会在壳里面做体操！

我研究使用的拟蛹有很多，我发现，那些头朝下的小家伙，会不停地

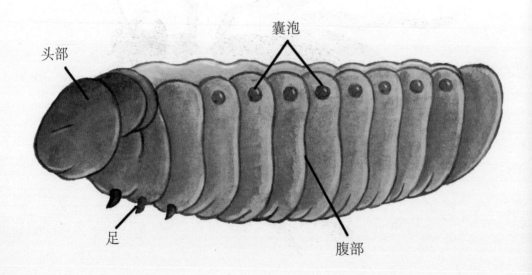

头部

囊泡

足

腹部

让自己的身体膨胀和收缩。它们先把头弯到肚子下面，再把前半部分身体滑到后半部分身体后面，这样弯弯缩缩的旋转，最终改变头尾顺序，使自己头朝上。

拟蛹做体操的现象，我是在一个很特别的机会下发现的。刚开始，我还以为这是拟蛹的共性，但后来发现，我又错了。

我故意将拟蛹颠倒着放到玻璃管中，而不是二龄幼虫的壳中。结果发现，无论过了多长时间，它仍旧一动不动，没有我渴望欣赏的体操表演。然后，我又将各种各样姿势的拟蛹都放到一个小瓶子里，它们仍然没有上下移动。后来，我又故意将壳中的幼虫倒着放，但这次它们仍然没有扭转过来。

拟蛹在什么情况下才会做体操？不知道，这个问题我研究了两年也没找出原因。只知道在自然状态下，最初颠倒头尾的拟蛹，最后都会自己翻转过来。

每种器官都是有用的

　　我早就说了，昆虫身上每一个器官，都是有一定作用的，绝不会多长一个没有用处的东西。这一点在西芫菁幼虫身上体现得尤其明显。

　　早在初龄幼虫时期，它长着尖而弯的大颚，这就是一把锐利的剪刀，是用来撕破条蜂卵的；它还有一个新月形的尖针，这是专门用来保持身体平衡的，让它能够紧紧地趴在条蜂的胸部，以防在走路的过程中摔倒，也或者是为了防止从条蜂卵上掉落到蜂蜜中淹死。

　　到了二龄幼虫阶段，西芫菁幼虫不需要奔波了，只是牢牢地呆在一个地方吃蜂蜜而已。所以在这个阶段，它用来活动的腿，就退化成短短一截的东西；用来撕破条蜂卵的尖锐大颚也退化成喝蜂蜜的汤匙；它的纤毛和新月形尖针，不但没有一点用处，甚至可能还会碍事，所以完全消失了。因为这一阶段，它只需要待在蜂房里进食，所以这一时期，它的消化器官已经完全成熟了，跟西芫菁成虫的消化器官没什么不同，只是乳糜室内充满了橘黄色的乳汁——这就是淡红色粪便的来源！

我发现，到了拟蛹和四龄幼虫阶段，尽管西芫菁幼虫的外部形态不断地发生变化，但它们的内部消化器官，却没有发生任何变化，像一根细短绳一样的消化器官一直深埋在脂肪袋中间。它肚子上也有髓质，与西芫菁幼虫完全一样。

我把蛹从拟蛹裂开的外壳中拿出来，发现它第三次蜕下来的皮，这个在我看来没用的东西，仍然通过纤维丝与蛹连在一起。由此可见，西芫菁幼虫外形虽然发生了变化，但所有阶段所用的内部器官，都是一样的。只是发育到蛹这一阶段，它的身体多了神经系统和生殖器官，这说明它的身体构造越来越接近成虫了。

除了西芫菁幼虫，我在短翅芫菁和其他种类的芫菁中也发现了类似的情况。

现在我可以这样说了：鞘翅目昆虫的幼虫在变成蛹之前，都有几次蜕皮的情况，但蜕皮的目的只是为了让幼虫脱下已经狭小的外套，在更宽容的环境下更好地发育，却丝毫不会影响它的身体结构，所以它的消化器官才会保持不变。这些器官在幼虫低龄阶段发挥什么作用，在拟蛹、蛹，甚至成虫阶段，也会发挥同样的作用。

最能说明问题的是，我在初龄幼虫和二龄幼虫阶段没见到它们的头部发生什么变化。只是笼统地知道它们的头部有一个头罩，所有器官都在这个头罩里面。而通过一次次蜕皮，这些器官会一点点地长大，发育成形。

油金龟子的迁徙生涯

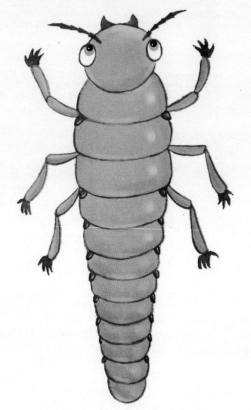

油金龟子即短翅芜菁。它有一个很特别的爱好，就是当它觉得自己有危险时，就从体节中分泌出一种油腻腻的黄色液体。这种液体会散发出一种恶臭味，非常恶心。这个特征与金龟子非常相像，英国人因此便将短翅芜菁叫做"油金龟子"。但这个特征不是我重点讲述的内容，否则会令人倒胃口的。我要说的是它的寄生生活和变态生涯。

左图就是短翅芜菁的幼虫，有的科学家把它叫做虱子、蜂虱。从来没想过这就是短翅芜菁的幼虫，还以为它们是另外一种昆虫呢！因为短翅芜菁的外形与它有很大的差别。

有的人之所以把上图的东西叫做"蜂虱"，是因为人们经常在条蜂、壁蜂或者其他膜翅目昆虫身上看到这种昆虫，便以为它是像虱子一样寄生在这些昆虫身上，所以取了这么一个名字。实际上，短翅芜菁的幼虫生长发育情况与西芜菁一样，它趴在蜂类身上并不会吃条蜂的肉，也不是寄生在蜂类身上，而是通过膜翅目昆虫这种"偷渡船"，最终到达蜂房，以蜂房中的卵和蜂蜜为食。

虽然在生活方式上，短翅芜菁与西芜菁大致类似，但它们也有自己的生活习惯。比如，它们不像西芜菁那样，将卵产在条蜂蜂房的过道上，而是产在远离条蜂窝几米之外的地方。这样一来，短翅芫菁的幼虫就不能像西芫菁幼虫那样趁条蜂回窝的时候快速趴在它身上，而需要在野外寻找采蜜的条蜂，找机会趴在它们身上。很明显，它的偷渡生涯要危险很多。

我从书上了解到，短翅芫菁幼虫孵化之后，会爬到附近一颗植物的花瓣上。一旦碰到前来采蜜的膜翅目昆虫，便趁机趴在它们身上。于是我就到条蜂经常采蜜的山坡，看看短翅芫菁是不是真如书中描述的那样。

果然，我在一些植物的花瓣中找到了短翅芫菁的幼虫，一株春白菊的小花上甚至等待着五十多只准备偷渡的幼虫。而且我还发现，这些小家伙只寻找菊科植物，如甜菊、千里光；而其他植物，如虞美人和野芝麻菜上，却没有一只短翅芫菁的幼虫。更多的幼虫，由于没找到合适的菊科植物，正像热锅上的蚂蚁一样，乱糟糟地东奔西跑。直到它在春白菊或者千里光等菊科植

物身上找到一片栖息之地，这才安静下来，趴在花上不再乱动。此后，除非遇到异常情况，否则它们不会再移动地方。

短翅芫菁是不是真的趁条蜂来的时候，飞快地趴在它们身上呢？

我发现，在条蜂窝附近几平方米的山坡上，除了条蜂身上有短翅芫菁的幼虫，毛足蜂、尖腹蜂、丽蝇、尾蛆蝇、毛刺砂泥蜂等昆虫身上，也有短翅芫菁幼虫。但是，这些昆虫都不可能将短翅芫菁幼虫"渡"到装满蜂蜜的蜂房，趴在这些昆虫身上的短翅芫菁，实在是找错了"渡船"。像这样会找错寄生对象的寄生虫，在自然界中真的很少见。

当然，除了那些搭错船者，很多短翅芫菁幼虫还是能准确找到条蜂的。这可以在条蜂蜂房中找到答案。现在，我只是想看看它们是怎样登陆到条蜂这艘"渡船"上的。于是，我就捉了一只条蜂，将它身上其他的寄生虫都除掉，然后抓住它的翅膀，将它放到菊科植物的花上。果然，短翅芫菁幼虫们很快就顺着条蜂的毛爬到条蜂身上，然后便抓着条蜂的背部或侧面的毛，又一动不动了。

后来，我又找来毛足蜂、尖腹蜂、丽蝇、尾蛆蝇，甚至大黑蜘蛛放到菊科植物的花上，短翅芫菁依旧毫不犹豫地爬上去，似乎对眼前的"渡船"很满意——可怜的傻瓜，你们愚蠢地认为有毛的昆虫便是"渡船"，可等待你们的只有死亡！

可我们又不能轻率地嘲笑短翅芫菁的无知，我还发现了另外一个有趣的现象：我将一根麦秸秆递到短翅芫菁面前，它爬上去之后，在上面不停地走来走去，好像发现了什么不对劲，然后又赶快回到花上继续安静地等待。我又用我身上纤维性的毛呢和丝绒做实验，这些布料跟膜翅目的毛很像，短翅芫菁爬上来之后，仍然感到不安，表现得像没找到"渡船"一样紧张。后来我又用草的绒毛、棉花做实验，结果仍然是一样的，它们对我准备的"渡船"没有一点好感。但是如果换作一只昆虫，它们爬上去之后，便安静得一动不动了。

这些小家伙，是怎样辨别麦秸秆、毛呢、丝绒和昆虫纤毛呢？不是视觉，不是触觉，不是嗅觉，我也不知道它们为什么会有这种能力。

总之，观察昆虫越多，我越感觉到自己的无知。昆虫们身上有那么多谜团，我至今仍然没找到答案。自然界中有太多的未知之谜，我们不见得总是能找到答案，或许这就是它的神奇之处。

吃螳螂的谢氏蜡角芫菁

如果没发现谢氏蜡角芫菁，我几乎认为，所有的芫菁类昆虫都与西芫菁和短翅芫菁类似，都是先趴在条蜂身上，然后偷渡到蜂房内，再以条蜂卵和蜂蜜为食物。但认识了谢氏蜡角芫菁我才明白，我这种笼统的归纳是多么愚蠢。因为谢氏蜡角芫菁是以螳螂肉为食的，根本不吃条蜂卵和蜂蜜！

事情是这样，有一天，我和儿子埃米尔准备在沙土堆中挖几只步甲蜂的蛹室。儿子挖到一个奇怪的蛹，电光火石一般，我突然就想到了芫菁。虽然这个蛹与我之前所见到的芫菁蛹有所不同，但我立刻就认出这是一只拟蛹。我好奇的是，它为什么会出现在步甲蜂的窝内？步甲蜂的蜂房里可都是螳螂呀！这里完全没有芫菁们想要的蜂蜜。"它的生活习性一定是很特别的"，抱着这样想法，我又在其他步甲蜂窝中挖了好多只这样的蛹，然后将它们全部放进了我的实验室。

借助放大镜，我仔细观察这些奇怪的蛹，下图就是它们的肖像画：

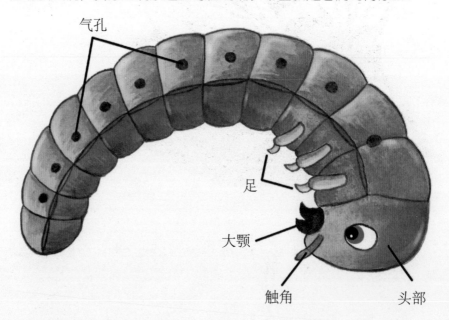

气孔

足

大颚

触角

头部

　　总体来看，它与西芫菁、短翅芫菁等芫菁类拟蛹没什么不同，都有角质外皮、轻微隆起的头部、突起的胸部。同样的气孔分布。由于我发现这些拟蛹时，它们有的正在吃步甲蜂窝里的螳螂，所以我断定这种芫菁是步甲蜂的寄生虫。

　　于是，我模仿步甲蜂的窝，在实验室里为这些拟蛹造了一所小房子。然后将一堆螳螂和拟蛹分别放在一个个小房间内。原本我以为，这些拟蛹会跟西芫菁和短翅芫菁一样，只是老老实实待着进食而已。但我发现，我精心为它们安排的房间却出现了混乱。先吃完螳螂的拟蛹会捅破薄薄的墙壁，然后跑到另外一个房间的餐桌上继续进食，直到让自己吃饱为止。如果运气不好，其他房间也没有多余的食物，它就只好节食，变得消瘦。所以后来我发现，我在步甲蜂窝中找到的拟蛹，形体大小不一。

　　我最初预言的以螳螂为食，现在也得到了证实：无论拟蛹在发育的过程中蜕皮几次，它总是用六只短足环抱着螳螂，将螳螂放到自己的大颚下面啃咬，坐着吃累了，它就躺着吃，非常舒适。一只螳螂吃完了，它就用六只短足，从容地走到另一只螳螂身边。如果路途中遇到沙子，不能让它像在平地上那样腆着肚子、迈着碎步优雅地走路，那么它就伸出大颚，用力地挖掘沙

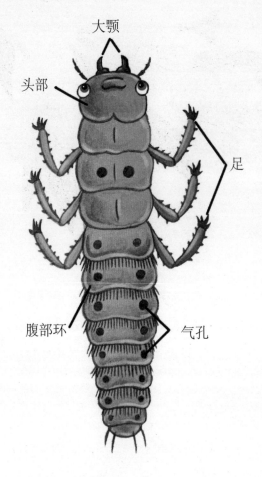

大颚

头部

足

腹部环

气孔

子，匍匐前进——我完全相信它有长途跋涉的能力。

通过一天天的进食和生长，被我捉回来那几只拟蛹也在不断地发生变化，到了第二年六月份的时候，这些拟蛹已经蜕变成蛹，即发育到四龄幼虫阶段。

但是到现在为止，我仍然不知道这是一种什么芫菁。看这些芫菁如此庞大的体形，我们这个地区只有十二点斑芫菁和谢氏蜡角芫菁的身材才能与之抗衡。十二点斑芫菁主要活动在六月份，而谢氏蜡角芫菁活动在五月末和六月初，正是我发现拟蛹的时间段。而且，我在步甲蜂窝的附近找到很多蜡角芫菁，却没有找到斑芫菁。这样看来，我找到的拟蛹，似乎就是蜡角芫菁了。

我有一个朋友是专门作发疱药研究的。他有几只蜡角芫菁的拟蛹，他将我的拟蛹与他实验室里的作比较。发现它们在外形上是极其相似的，而且他的拟蛹也是以螳螂为食。毫无疑问，我发现的拟蛹，就是谢氏蜡角芫菁。

至于谢氏蜡角芫菁的口味为什么与西芫菁、短翅芫菁有如此大的差异，我也不知道，我再次被它们出的难题难倒。

西班牙芫菁的爱情

很久以来，我一直想写这样一本书：《昆虫的爱情》。二十多年来，我记录了大量关于昆虫爱情和婚姻的资料，自认为对昆虫的爱情生活已经有了足够的了解。虽然我不是第一个讲述昆虫情感世界的人，但这篇文章至少证明我对昆虫的爱情生活有足够的了解，更何况我又发现了很多不为人知的秘密。

就以西班牙芫菁来说吧，它们的爱情生活就非常惊心动魄，令人……

一只雌西班牙芫菁正静静地吃叶子，一只雄西班牙芫菁从后面过来了。它突然跳到雌西班牙芫菁的背上，先用后面两只脚将雌虫缠绕起来，然后便伸直腹部，拼命地抽打雌虫的腹部。与此同时，它的触角和前腿也在不停地

鞭打雌虫的脖子。如此疯狂的求爱活动，前后左右不断地鞭打，使得雌虫的身体像羊痫风发作一样，不停地晃动起来，这在生物界真是少见。

这样疯狂的表白不是谁都能承受得起的。雌虫似乎拒绝了雄虫的求爱，它将自己的头藏起来，将腹部曲起来，避免受到雄虫更多的鞭打。面对拒绝，雄虫一点也不气馁，反而将颤动的前腿伸展成十字架形，将触角和肚子绷得笔直，头和胸仍旧激烈地摆动着。在雄虫的强烈骚扰下，雌虫仍旧不为所动，不但如此，它还一如既往地吃着自己的叶子，像没有任何事情发生一样。

更加热情的爱情表白又开始了，雄虫再次疯狂地抽打雌虫的脖子。雌虫还没来得及藏起头部，雄虫便使用前腿将雌虫触角抓起来，拼命地将它往自己身边拽，雌虫被迫抬起头。然后，雄虫便骑在雌虫身上，依旧用自己的腹部鞭打雌虫的腹部，打完左侧打右侧，同时，还用触角、腿、头等击打或撞雌

虫，总之不让自己闲下来。

　　尽管雄虫如此热情，雌虫至今仍然没有接受它的求爱。雄虫不得不暂时休息一会儿，然后又神经质地鞭打或撞击爱人起来。如此反复，直到雌虫最终为它击打的魅力所感动，接受了它的求爱，它们这才开始交配。

　　整个交配过程进行了20分钟。之后，雄虫便一改求爱时的勇敢，变得像个懦夫一样，慢慢地、虚弱地从雌虫的身上退下来，准备结束这段感情。可雌虫此时却不依不饶，将自己喜欢吃的叶子强塞给它。雄虫似乎懂得善始善终，也就勉强跟着它一起吃起叶子来。

　　这就是西班牙芫菁的爱情生活，看起来很疯狂吧？其实，其他芫菁的情感生活大概与此类似，只是姿势略微有所不同而已。蜡角芫菁们结婚的时候，甚至还懂得追求浪漫：它们通常在阳光的照耀下，在不凋谢的花簇中，在雄虫将身体抖动成一个飞速转动的小风车的热情表白中成婚，这三个条件缺少任何一个，蜡角芫菁姑娘们便拒绝出嫁。带芫菁的结婚则简单得多，只要粗鲁的雄虫触角迅速地震动几下，带芫菁姑娘们便轻易地把自己嫁出去了。

斑芫菁的卵

斑芫菁们也有自己独特的爱情生活，只是与西班牙芫菁那样热情的击打相比显得相对简捷。我错过了它们结婚的精彩环节，现在就来看看它们的孩子吧。

不过在讲述斑芫菁卵之前，我们有必要先了解一下其他芫菁的卵，通过对比我们才会发现斑芫菁卵的奇特。

前面我曾经说过，一只西芫菁大约每分钟产一个卵，这样连续不间断地产36个小时，最后约产2160枚卵。后来我还从另一个科学家牛波特那里了解到，一只普罗短翅芫菁第一次产卵更多，达4228枚卵。而且它不像西芫菁那

样产卵之后便死去了，而是还有第二次、第三次产卵的机会，所以它的孩子就更多了。

与西芫菁相比，短翅芫菁之所以产卵数量更多，是因为它没能将卵直接产在条蜂窝中，而是产在条蜂蜂房几米之外的地方。这样的话，成功"偷渡"到的蜂房的短翅芫菁幼虫的概率就低一些，有很多短翅芫菁幼虫因为搭错了船而来到毛足蜂、丽蝇、尾蛆蝇、砂泥蜂等昆虫的窝内，最终因为吃不到蜂蜜饿死了。

短翅芫菁母亲们似乎是已经预知到很多孩子将会死于饥饿，为了延续香火，它们便在生产的时候生了很多很多的孩子。这样，即便有两三千个孩子因为搭错船而饿死了，至少还有一千个孩子能顺利地偷渡到条蜂的蜂房，最终确保种族的延续。

也许短翅芫菁母亲们并没有这样睿智的预知能力，但大自然确实为它作

了这样的安排。本能要求它必须多生孩子，否则难以延续家族的香火。

现在再说说斑芫菁的卵。这可真是一位愚蠢而少产的母亲。它不像西芫菁那样连着产卵36个小时，也不像短翅芫菁那样多产，而是很快就产卵完毕，而且只产了四十几枚卵。然后，这个母亲便在沙地里挖了一个两厘米深、直径与自己身体差不多的井。将卵放在这个井里之后，它便用前足把家门口附近打扫干净，用大颚将杂物耙起来，一并放到井中。然后，它又推进去一些土，用足踏平，再去挖另一口井。

在斑芫菁制造房屋的过程中，我轻轻地将它挪到离井五六厘米的地方。

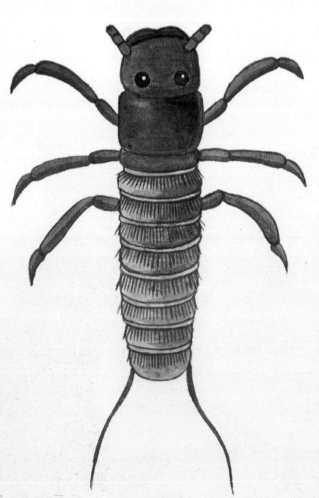

这时候它正进行的工程还没有完工，但它并没有像我所想象的那样返回去继续工作，而是就地吃起叶子来。另一只斑芫菁母亲，刚从井中出来掉了一下头，便被我重新拖回井中。但它就不记得下一步是该放自己的孩子还是该往井里塞土了，于是它欣然放弃工作，直接去享受自己的生活了。

我只能说，斑芫菁的记忆力太差劲了，它们甚至不记得孩子们正等着它为自己营造一个安全舒适的窝。

相对于母亲的愚笨，斑芫菁幼虫要机灵得多。它强健的身体就是最好的证明，左边这

幅图就是它的写真。

前面我讲过，每种昆虫的器官都是有一定作用的。它那大大的眼睛，是用来勘探地形的；它那有力的大颚，是用来捕捉食物的；牢固的钩爪，是用来支撑身体的；强壮的腿，是用来挖掘的。如此有力的工具一定会派上大用场的。

也许最初你看到这一幕，还以为它只是比其他芫菁体形大一点而已，但你很快会发现，自己又错了。

斑芫菁的幼虫并不像西芫菁幼虫和短翅芫菁幼虫那样吃蜂蜜，也不像它们那样抓着条蜂的毛"偷渡"到蜂房。它的母亲只为它生了四十几个兄弟，它们不敢冒险"偷渡"，否则家族的香火便难以延续。它只能找一种更安全的觅食方式，那就是直接寻找四周有储粮的洞穴。它通过双眼的观察和腿的挖掘，用自己有力的大颚和腿，直接抓破胡蜂、蚂蚁等蜂蚁类昆虫的卵，吸食里面的汁液。如果遇到其他竞争者，它们便毫不留情地挥起自己的大颚和强壮的腿，残酷地将敌人撕碎。杀戮过后，整个昆虫窝便成了斑芫菁的天下。这时它便脱下战袍，蜕去一层皮，像其他芫菁那样，开始了漫长的吃吃睡睡生活和变态生涯。

小贴士：温柔的条蜂

你知道吗？芫菁们如此猖狂地侵略条蜂而很少受到伤害，并不仅仅是因为条蜂妈妈们防御能力差劲，更是因为它们根本就是一种很温柔的昆虫，很少主动伤害别人，即使是自己的利益受到别人的侵犯，它们也很少发动反攻。

我为了研究芫菁们的生活，曾经多次接近蜂房，但却几乎没有被条蜂蜇过。

有一次，我不得不将手伸进蜂房拿出一些试验品。当时，几千只条蜂正在蜂房附近忙碌地建造房子。曾挨过胡蜂蜇的我一想到自己将会被它们蜇得脸部肿起来，或者手上有几千个洞，就担心得浑身哆嗦。

但为了弄清楚芫菁的生活习惯，我不得不硬着头皮，心惊胆战地钻进了条蜂群，用铲子挖了一块土之后，立刻逃走。结果，我对蜂房的破坏活动虽然引来条蜂们很大的蜂鸣声，但它们却没对我这位不速之客有一丝伤害，连追赶都没有。我奇怪极了，于是第二次拿着铲子接近条蜂群的时候，挖掘的时间更长了，但条蜂们依旧没有伤害我，连冲过来威胁我一下也没有。

所谓"人善被人欺"，眼看着条蜂对自己没有一点威胁，我的胆子就更大了。下一次，我根本不管周围有多少只条蜂，只是毫不在意地蹲在条蜂蜂房面前，野蛮地将条蜂的蜂房给挖下来。在挖掘的过程中，哪怕蜂房中的

蜂蜜全部撒在地上，哪怕蜂房里的幼虫被摔死、砸死，条蜂们也只是在我身边发出阵阵轰鸣声，并没有任何攻击的表示。那些正在忙碌着建筑房子的条蜂，依旧建自己的房子；那些房子被我破坏了的条蜂，则忙着修补房子，或者心慌意乱地在一堆废墟面前飞舞；从没有一只条蜂想过对这个破坏它们家园的人进行惩罚。只有几只条蜂，脾气稍微大一些，但它们也只是生气地飞到我面前六七厘米前的地方，奇怪地看一会儿，很快又飞走了。

正是因为条蜂的温和，我才能不需要任何保护措施就拿到很多条蜂蜂窝。也正是由于了解了条蜂不轻易蜇人的性格，我才敢长达几个小时地坐在条蜂蜂房附近，在上千只条蜂的轰鸣声中专心研究昆虫。这幅情景令远处的乡下人震惊不已，大家还以我对条蜂施展了什么魔法呢！而那些原来作研究的实验器材，如试管、镊子、放大镜，则被大家当作施展魔法的工具。

解剖专家土蜂

其实它很温柔

　　不了解土蜂习性的人，第一眼看到土蜂，一定会被它的外表吓坏。因为只看体形，土蜂堪称昆虫界中的巨人，连最大、最威武的带刺蜂，如木蜂、雄蜂、黄边胡蜂等，在土蜂硕大的体形面前，也自愧不如。有的土蜂，甚至可以和一种叫做戴菊莺的小鸟相提并论，由此可见土蜂体形之大。

　　如果说，蜂儿的身体越大，蜇针的威力也越大的话，那么与土蜂打交道就真的要很小心了。你若想成功地抓住它而不使自己被它蜇伤，几乎是不可

能的，因为连我这样经常与昆虫打交道的人，还有过被胡蜂和黄边胡蜂蜇的经历呢，更何况土蜂看起来比胡蜂更威武呢！

有人说过这样的名言：不要相信你的耳朵，也不要相信你的眼睛。

要相信事实！

事实是，土蜂是一种比较温和的昆虫。当我了解到它这个性格之后，便总是大胆地走向花儿，毫无顾忌地将花冠上的土蜂捏起来。是的，我确定自己"毫无顾忌"，一点也不用担心它们会蜇伤我。

它们只是相貌令人恐惧，性情实则"温柔如水"。蜇针对它来说，与其说是一件蜇人的武器，倒不如说是一种专门用来麻醉猎物的劳动工具。只有它认为自己受到非常严重的侵犯时，才会迫不得已地掏出武器保护自己。

另外，土蜂强壮的身体，虽然一方面给我们造成彪悍的印象，但另一方面，它又使得土蜂的行动非常笨拙，反应比较迟钝。当你觉得它可能要掏出蜇针来蜇你了，你只要快些把它扔掉就能避开，它绝对没有你的速度快。

再退一步来说，即使你非常不幸，没有逃脱它的蜇针，被它狠狠蜇了一下，但这仍旧没有太大的关系。因为土蜂的毒液毒性很微弱，对人类危害不大，所以人即使被刺伤感觉也不是很痛。

寻找出阁的"姑娘"

在我众多的昆虫研究中，各种各样的困难我都遇到过，多么难以解答的问题，我也尽力创造条件来解答。我深信，只要我的实验条件允许，没有我解决不了的麻烦。

但我现在要研究土蜂了，麻烦却真的来了。这个困难是如此之大，以至于我对土蜂的研究耽误了25年之久。这个困难与其他的困难不同，以往遇到难题，我可以想尽一切办法来解决，但这次，却有力无处发挥。因为我根本就找不到土蜂！这不是"巧妇难为无米之炊"么？

二十多年前暑假的一天，我意外在一片林子的空沙地上发现几只双带土蜂飞过来。以我对它们的了解，在这炎热的季节，在这片缺少花儿的地方，懒惰的它们，没事是不会轻易到这里的，它们一定有什么目的。

我目不转睛地盯着它们，只见它们贴着地面，来来回回地飞。偶尔还

有一只落在地上休息一会儿，不停地用触角拍打沙土，好像想听出点什么动静。然后它又重新飞起来，继续贴着地面来来回回地飞。它们这样来回地飞，显然并不是为了寻找食物，因为附近刺芹的花絮就很饱满，刚好可以让它们大吃一顿。但我发现，尽管刺芹的花蜜已经溢出来了，这群优雅的绅士，仍然没有停下来享用的意思，依旧贴着地面飞，不时还会停下来对沙土挖掘一番。

这群雄蜂在挖掘雌蜂。我观察到，只要有雌蜂从茧中走出来，它们便会一哄而上向那"姑娘"诉说甜言蜜语，然后就时刻跟在雌蜂后面，生怕错过"姑娘"抛绣球的时机。

也许今天我还能欣赏到一场浪漫的婚礼呢！我心里这样想着，便耐着性子等待雌蜂的出世。可几个小时过去了，直到最后一只雄蜂也失去了寻找"姑娘"的耐心，我也没有等到浪漫的婚礼。此后的几天，我经常带着锄头来到这片沙地，试图挖出几只雌蜂来。但依然只看到雄蜂们贴着地面飞舞，没有见到浪漫的婚礼。

只有一次，我正乘凉，突然发现一只雌蜂钻出地面。它很快便自由地飞起来，雄蜂们果然跟着它飞起来。我立刻用锄头挖掘它的出口，希望在这里能发现点什么。但是挖了很久，直到在洞口处挖掉1立方米的杂物，我才找到一个刚刚破了壳的茧，其余什么都没发现。茧的两侧还粘着一层薄皮，看轮廓应该属于某种金龟子幼虫。

尽管此次观察经历了炎热和劳累的双重考验，而且只得到了一块昆虫烂表皮。但我依然非常开心，至少我现在已经有了了不起的一点发现——这块烂皮就是金龟子的表皮，而金龟子很可能就是土蜂幼虫的食物。

意外收获

渐渐地，土蜂结婚的季节已经过去了，雄蜂也渐渐失去踪影，我依然一只雌性土蜂也没有找到。我不能再这样漫无目的用锄头挖了，收效甚微而且费时费力。现在我只能耐心地等待，等待从土里出来或者正准备往土里钻的雌蜂。

土蜂没有固定的居所，也不会造房子。土蜂妈妈只会钻进土里，凭着本能，用自己的脚和大颚挖出一个圆柱形的通道。当它继续往下挖，身后的沙土就又堵住了通道；它若想出来，头顶就会拱起一堆沙土，好像有只小型的鼹鼠正在地底下。它出来后，隆起的沙土又塌下来堵住通道。它什么时候想回家，可以随时再挖一个洞钻进去。

那块沙地上，密密麻麻地有很多这样的"圆柱"，它们在我们看不到的下面四通八达地交错着。它们为什么要挖这么多充满流沙的羊肠小道？难道是为了在地底下找食物，比如前面我发现的那种拥有金龟子皮的家伙？

唯一可以确定的是：土蜂是一群地下劳动者，用腿、大颚来挖掘沙土，

做成一个简陋的居所，然后开始储藏粮食和产卵。

在我长时间的观察和挖掘中，又发现过几个茧，但都像我第一次见到的那样，依旧是裂开的。羽化过的蜂儿已经飞走了，只在茧的侧面找到一张金龟子幼虫干枯的皮。还有两个茧，虽然没有裂开，但土蜂已经死在里面了，并不能告诉我什么。

23年过去了，除了这些通过大量的挖掘和观察所获得的知识，关于土蜂，我实在没办法知道更多情况，我几乎要对这个实验完全泄气了。可23年后，一个意外，却不经意间让我几乎洞悉了土蜂的所有秘密。

我的助手法维埃的狗总是越过一个粪堆，跳出围墙出去打架，于是法维埃便决定将这个粪堆铲走。结果他在用铲子铲土的时候，发现了很多雌双带土蜂、很多茧和很多金龟子的幼虫和蛹。雌蜂们正在干活，茧的周围都连着一张猎物的表皮。

23年苦寻土蜂都找不到，现在却在这个大土堆中发现了财富。我真是喜出望外，马上用一个独轮车将这堆宝贵的泥土运走。为了保证蜂群有繁衍的时间，我将这堆土运到一个不碍事的地方，做成了一个土蜂实验室，又等它们繁衍了一年，这才开始我的研究。

金龟子

　　早在二十几年之前，我就怀疑，金龟子幼虫是土蜂的食物。23年之后，在那个被迁移走的泥土堆中，我不但得到了很多雌双带土蜂、土蜂茧，还发现了数量很多、种类很丰富的金龟子幼虫。这些幼虫，有的在阳光下闪闪发亮，有的蜷缩在泥土中，有的腆着肚子弯曲成弓状，还有的蜷缩在蛹室里。总之，既有刚出世的金龟子幼虫，也有将要制造蛹室的胖墩墩幼虫，各个龄期的幼虫都有。这些似乎说明，各种各样、各个年龄段的金龟子，就是土蜂幼虫的储粮。

　　双带土蜂幼虫的粮食，主要是金绿花金龟、多彩花金龟、傲星花金龟三种。从外形上看，这三种金龟子的区别很小，几乎难以看出来它们有什么区别。所以我有理由相信，土蜂应该不会刻意选择哪种食物，其他像金龟子这样喜欢吃腐烂植物的昆虫，可能也是它喜欢的食物。

至于二十多年前我所发现的绒毛黑鳃金龟，则是沙地土蜂的美食。我还偶然发现，沙地土蜂还喜欢吃黑鳃金龟。由此我得出结论，沙地土蜂的食物，主要是黑鳃金龟、花金龟、蚌犀金龟三种。

泥土堆被迁移走的第二年，我便开始对土蜂的生活习性进行研究。果然如我所料，雄土蜂先出世，在附近的花儿上饱餐一顿，就飞回来贴着泥土堆飞舞；一看到雌蜂出世，便立刻涌过来向它求婚。幸运儿被"姑娘"选中后，就双双飞出院子举行婚礼。此后，雌蜂就准备储粮食、产卵，开始了繁忙的主妇生活。

我悄悄翻动泥土堆，终于发现凶案的现场。无数只花金龟的幼虫，正一动不动地仰面躺着，它们的肚子上，无一例外都趴着一只土蜂幼虫。这些贪婪的小虫子，正把头伸进金龟子的内脏，吃里面鲜嫩的肉呢！有的幼虫速度快一些，可怜的金龟子已经被吃得只剩下一张薄皮。还有的幼虫已经进食完毕，正用血红的丝织茧呢！

好了，事实已经很明确了，各种各样的金龟子就是土蜂幼虫的粮食。那么，土蜂们为什么都喜欢金龟子呢？这种一致性中是否隐藏着什么惊天的秘密？我一定要对这个问题进行深入研究。

精彩的麻醉表演

　　表面看来，土蜂的一切习性都很简单。它生活在土中，金龟子幼虫也生活在土中。金龟子幼虫一旦遭遇一只土蜂，就会被它麻醉。然后麻醉师在金龟子幼虫身上产卵，接着就继续在沙土中游荡，直到找到另一只幼虫。

　　可问题是，在漆黑的地底下，麻醉师是怎样展开麻醉工作的呢？我担心很难在实验室中亲眼目睹麻醉术。尽管如此，我仍然决定试一试。

　　我将一只双带土蜂和一只金龟子幼虫用钟形罩扣在桌上。刚开始，金龟子幼虫似乎很害怕，它仰面朝天地爬着，不停地在钟形罩内转圈。它的举动很快就引起了双带土蜂的注意，只见土蜂不停地用触角拍打桌面，然后飞快地冲向它。被攻击的金龟子仰面朝天爬得更快，并没有因为觉得危险而将身子蜷起来。土蜂用腹部末端支撑着身子，然后爬上金龟子的前部，将它压在身下。金龟子无法容忍这种侮辱，不停地翻滚身子，好几次将土蜂甩了下来。土蜂并不气馁，仍然爬向金龟子，用大颚咬住它的胸部，然后将自己的身体弯曲成弓形，努力让腹部末端的蜇针伸到适当的部位。

土蜂的身体弯曲之后，身体的长度就缩短了，根本无法遮盖住金龟子肥胖的身体。所以为了找好下针点，土蜂就用腹部末端一遍又一遍地尝试。金龟子不停地甩来甩去为麻醉师做手术增加了不少难度，但土蜂并没有匆匆忙忙下针麻醉，而是坚持不懈地寻找最佳下针地点。这位麻醉师小心谨慎的工作作风可见一斑。

就在土蜂专心致志地寻找下针点的时候，忍无可忍的金龟子忽然将身子蜷成一团，猛力一甩，土蜂摔倒在地。但土蜂仍然不气馁，它重新爬起来，拍拍翅膀，再次向肥嘟嘟的金龟子发起进攻，很快就又重新骑在它身上。金龟子仍然不停地扭动，土蜂仍然弓着身子，用腹部末端一遍遍尝试着寻找下针点。经过反复的实验和坚持不懈的努力，最终土蜂终于找到它满意的下针点——金龟子的脖子附近。然后，它从背部咬住金龟子幼虫的胸部，将自己的腹部末端伸到金龟子幼虫脖子处，不管金龟子怎样挣扎，怎样抖动，也不管自己怎样随着它的扭动而上下左右翻滚，只是牢牢地抓住它，寻找合适的机会，毫不迟疑地将蜇针刺向它的颈部。

大功告成了！刚才还不断翻动的金龟子幼虫，突然间放松了身体，躺在那里一动不动了——它已经被麻醉师麻醉了。

总之，战争进行得异常激烈，我目不转睛地目睹了麻醉的全过程，真是精彩又刺激！

又一位解剖专家

土蜂的麻醉过程，我有幸亲眼目睹了好多次，麻醉过程都是一样的。结论是：无论是双带土蜂还是沙地土蜂，在打猎的时候，都绝不拿着自己的蜇针乱刺。不论我的实验进行了多少次，土蜂们的下针点永远只有一处——胸和中胸交界线的正中间。

这让我回想起另一些高明的手术师——节腹泥蜂、砂泥蜂、蛛蜂等，这些喜欢用麻醉术制服敌人的昆虫。尽管它们的具体麻醉部位不一样，但有一点它们是相同的，那就是只把蜇针伸向敌人的神经所在地。它们似乎都知道这样一个理论：神经控制全身的运动。

麻醉技术同样精湛的双带土蜂，是不是也知道这一条理论，将自己的蜇针伸向金龟子的神经组织呢？也许，它骑在金龟子幼虫身上反复用腹部末端的蜇针试探时，就是在找金龟子幼虫的神经组织。

由于金龟子幼虫在遭遇危险时会将身体蜷缩起来，土蜂无法像砂泥蜂那样一边后退，一边挨个麻醉所有体节交接处之间的神经，因此我推测：土蜂只能麻醉脖子这个狭窄的区域，

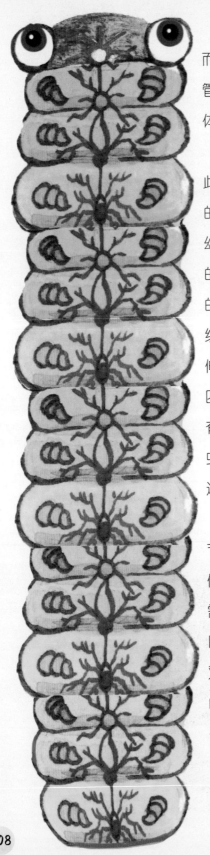

而金龟子幼虫的神经组织又集中在这里——尽管金龟子幼虫身上有多个体节，但很可能它们体节与体节之间没有神经结构。

这只是我根据经验的推测，事实是否如此，且看我的试验。我解剖了金龟子幼虫，它的神经结构果然如我推测的那样。看到金龟子幼虫这样的神经结构图，我真忍不住向昆虫界的各个麻醉学派致敬！原来，金龟子幼虫胸部的神经与腹部的神经连成了一块，整个神经组织像一个圆柱体。只有控制头部的神经节单独伸出来，其他则以无数神经纤维的形式分布在四周。金龟子幼虫的身体有多个体节，因而也有多个神经节，但它的神经节不像黄地老虎幼虫那样平均分散到每个体节，而是一个接一个连接在一起，融合在整个神经组织中。

由此可见，尽管金龟子幼虫长着很多体节，但由于神经组织的集中性，土蜂并不需要像砂泥蜂那样一个体节挨一个体节地麻醉，只需对这个圆柱形的神经组织进行麻醉就行了。因此，土蜂也像节腹泥蜂一样，只需一针，就对猎物完成了麻醉。它对金龟子幼虫身体结构的熟悉程度，就像它早已经解剖过无数个金龟子幼虫一样。

吃饭也要讲科学

实际上，越是简单平常的事情，其中越可能蕴含着深刻的道理。比方说，土蜂幼虫的进食，就不仅仅是吃饭问题，里面甚至蕴含着生与死的考验。

卵孵化之后，就将头固定在金龟子幼虫腹部中线的位置，然后就用大颚一下一下地啄它的腹部，试图在那里钻出一个洞来。这件事它整整干了一天。第二天，我就发现金龟子幼虫的腹部已经有了一个伤口，土蜂的幼虫就像吸吮乳汁一样，正弯着头吃猎物的肚子。它吃完表面的，就把头伸进去吃里面的。一天天过去了，我看到这个贪吃的家伙将头伸进猎物的肚子，从来没有再伸出来过。

难道它不怕在里面闷死？我小心翼翼地夹着它的头，将这个贪吃的家伙拿出来，结果发现它长成了这个样子——头部非常细，它为了不断深入地吃里面的肉，竟然使自己的头部长成一根细长条！我实在无法想象，自然界中还有这样奇特的事！我更没有见过为了吃饭而把自己的身子变成模样完全不同的两截！

不管我多么惊叹，土蜂幼虫就是这样头像细丝一样地伸展着，一直到结茧的时候。

这种情况是自然状态下土蜂幼虫的生长过程。除了头部形态比较奇怪，表面上看来没什么值得研究的地方。我还发现一个现象，因为不需要将头从食物中抬出来，所以土蜂幼虫从出生就一直牢牢地占据一个地方，而这个地方正是土蜂妈妈产下它的地方。

我大胆地推测：土蜂幼虫必须从这里开始进食。随着它的头不断变长变细，金龟子幼虫的内脏也应该逐一被吃掉。首先吃掉的，应该是最不重要的器官，这样才能确保金龟子幼虫不死，保证肉的新鲜。最重要的器官，应该是最后一刻才被吃掉，这样金龟子幼虫就一直不会死，它的肉也一直是很新鲜的。

相反，如果土蜂妈妈不将卵产在这个特定的位置，也许土蜂幼虫就不能按照这样的顺序进食。很可能直接先将最重要的器官吃掉，这样金龟子幼虫马上就死掉了，土蜂幼虫也会因为缺少食物而饿死。

事实是不是这样呢？我用一根针刺在金龟子幼虫的神经组织上，很快它便死了。这样土蜂幼虫的食物就是一具死尸，而不是被麻醉的虫子。几天后，这只死虫子就变臭了。我相信土蜂幼虫绝不会对这样的食物看上一眼的。而正常情况下，一只被土蜂幼虫吸食的金龟子，即使过去1周，肉质依然新鲜，丝毫不会有腐烂的迹象。

这样鲜明的对比只能说明，我用针伤害的部位，与土蜂幼虫进食的部位是不同的，因而产生了不同的结果。

因此我认为，土蜂幼虫的进食，就像它的母亲捕猎一样，是科学而严谨的。

食物中毒事件

我将一只发育到1/3的土蜂幼虫从金龟子幼虫身上拿出来，把它重新放到食物面前，只是调换了它的位置。

结果我看到，被我打扰进食的土蜂幼虫，不安地在金龟子幼虫的背上动来动去，不知道从哪里下口。本来我以为，只要饿它一天，它便会饥不择食，不管是猎物的腹部还是背部，逮到肉就吃。可是这个小家伙，尽管已经

饿了24个小时，仍旧不肯随便挑个什么地方就吃，依然顽固地在金龟子幼虫背上探索。最后，它竟然活活饿死了。

后来，我又将一只正在进食的土蜂幼虫拿出来，引导它到原来它进食的那个大洞口。它这才伸长脖子，一点一点钻进金龟子幼虫的肚子里，开始进食。可结果是，这样被我中途打断又恢复的土蜂幼虫，很少能真正长大结茧。因为，经过我这一番折腾，金龟子幼虫不久便腐烂掉了，埋头在里面进食的土蜂幼虫因吃到变质的食物也被毒死了。

我只能这样解释：土蜂幼虫被我拉出来又放回去，它不记得自己以前吃到什么地方了，眼看肉肉就在眼前，贪吃的它便随便乱咬起来。这样鲁莽的行为会让它错咬到最重要的器官，于是便很快害死了金龟子幼虫，自己也被变质的食物毒死。

我捉了一只金龟子幼虫，没有麻醉，用金属丝将它绑好，固定在一块木板上，然后在土蜂妈妈产卵的地方开了一个小口，将一只土蜂幼虫放到这

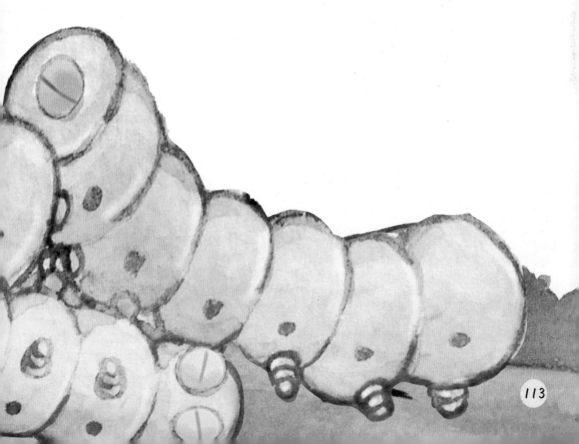

里，让它吃饭。现在，金龟子幼虫没有丝毫的反抗能力，就像被麻醉了一样，一切安排得就像在自然状态下一样，看看土蜂幼虫现在有什么表现。

类似的试验我还做了很多，结果也是食物腐烂，土蜂幼虫中毒而死。

结论再清楚不过了：土蜂幼虫进食一定要讲究科学，必须先吃最不重要的器官，最后才吃最重要的器官，吃完猎物的所有肉之后，才让猎物死去。这样土蜂幼虫自己吃饱了，才能顺利结茧。如果打乱这个顺序，先吃最重要的器官，那么猎物很快就会死亡，尸体腐烂变质，土蜂幼虫便会因为吃了这样的猎物而中毒死去。

天下的母亲都是伟大的！土蜂妈妈不仅辛辛苦苦为孩子们准备了猎物，还总是将卵产在猎物腹部中线位置，为孩子选好了最佳的进食地点，细心地避免孩子被腐败的猎物毒死。土蜂妈妈也许不会造一个温暖舒适的别墅，但它却是一个最会为孩子着想的母亲。

倒立行走的金龟子

花金龟子幼虫的背是隆起的，3个体节皱成3个肉坠，上面长满了浅褐色的硬毛。腹部平平的，毛的数量远远少于背部的毛。腹部下面长着几只短小而无力的腿。

最奇怪的地方，就是它是倒着行走的。它用背上的硬毛行走，肚皮朝天，腿在空中不停地乱舞。我相信，无论谁第一次看到这种奇怪的体操表演，都会被它这种奇怪的走路方式所吸引。我试着让它趴下，让它像其他昆虫那样用腿和腹部行走。但不行，它还是要翻转身来，坚持用背部行进。

这种奇怪的走路方式，在金龟子幼虫中，也是独一无二的。

花金龟子幼虫的行进方式如此独特，就连普通人也能轻而易举的辨别出它来。在老柳树的树洞中，有不少腐烂后形成的腐殖土，从这里挖进去仔细寻找，不难找到几只白胖的小虫。它们倒立着行走，怪异而有趣。显然，你发现的就是花金龟子幼虫。

令人惊奇的是，尽管是用背部行走，花金龟子幼虫的进行速度却并不亚于用脚行走的其他幼虫。它在光滑平面上的速度甚至还要超过后者。在刨平的木板上，在平整的纸张上，花金龟子幼虫都能行动自如。就连滑溜溜的玻璃片也只是勉强让它损失了一半的速度。

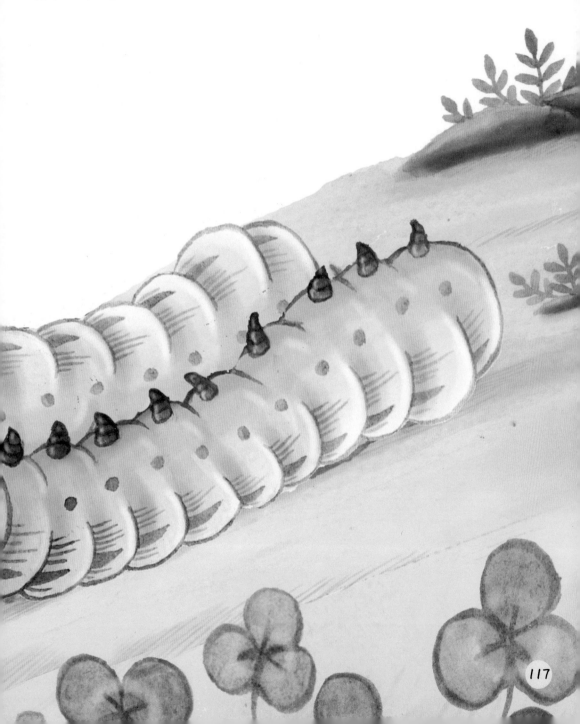

小贴士：蜷缩的金龟子幼虫

你知道吗？金龟子幼虫有时候就像刺猬一样，当觉得危险来临时候，就将自己长长的身体蜷成球形，让敌人没办法伤害它。

我常常让土蜂与金龟子幼虫角斗。在我为土蜂安排的众多对手中，以用背行走的花金龟子幼虫最笨。它总是很容易就被麻醉师骑在身上。尽管它可以把它甩掉，但顽强的猎人依然会爬起来，再骑上去，直到在它身上找到满意的下针点，然后一针戳过去，它就被麻醉了，迎接它的将是可怕的麻醉生活。

黑鳃金龟子幼虫就比它聪明多了。它被土蜂攻击之后，立刻将身子蜷缩成一团，不管土蜂的大颚怎样在自己的皮肤上啄，它也不打开这个团，这样敌人就没办法了。因为这个团非常结实，人用手掰的话，也要用很大的力气才能掰开。

所以黑鳃金龟子幼虫与土蜂的打斗场面，就没有那么激烈。它们两个，其中一个只是静悄悄地蜷缩成一团，另一个只是试图让它打开这个团，让自己的大颚或者蜇针伸进去。于是，土蜂越想攻击黑鳃金龟子，黑鳃金龟子就越缩成团，无论它向哪儿进攻都难以奏效。二虫就这样僵持着，差不多僵持了一个小时，土蜂虽然不间断地发起进攻，但始终没办法制服黑鳃金龟子幼虫。

为了尽快见到角斗的结果，我决定将它们安排在沙地上角斗。于是我在钟形罩内撒了一层沙。黑鳃金龟子幼虫平常就生活在沙土中，可能觉察出身下有沙了，它就想在沙中挖个洞，从洞中逃出去。于是慌乱中，它松开了紧缩的团。猎手土蜂很快骑上它，用自己大颚咬住它的前胸，然后努力弓起身子，将腹部末端那个可怕的蜇针露出来。经过几个回合的上下翻滚，顽强的土蜂终于找到了下针的最佳点，将蜇针刺向黑鳃金龟子幼虫脖子下方与前足平行的中心点。

麻醉结束了，黑鳃金龟子幼虫也不能动了，等待它的也是可怕的麻醉生活。

可是，它原本防御得很好，只要一直蜷缩着自己的身体，不暴露自己的薄弱地带，它也许能逃脱魔掌呢！然而，它太急于逃脱了，以至于慌不择路，忘记了自己最好的防御手段，结果反而让敌人得了便宜。

蚜 虫

繁殖习惯超奇特的蚜虫

提到蚜虫，有的人可能不会注意，但你肯定见过有的叶子长出了囊状物质，好像一个瘤一样，这个瘤，就叫做"瘿"。蚜虫就是一个做"瘿"高手，剥开一个笃蓐香树瘤，你会看到成群成群的蚜虫在里面不停地忙碌着。

蚜虫在忙什么？不停地进食，不停地生孩子。前者还好理解，毕竟很多虫子一生没什么事干就是吃东西，可是谁会不停地生孩子呢？但蚜虫就是这样，它们的繁殖能力非常旺盛，我甚至见过有的蚜虫一天生育3次。如此没完没了地生孩子，它们的健康不会受损吗？这就是蚜虫的秘密了。

荒石园里种了一颗笃蓐香树，蚜虫便在它的枝叶上安家了。一月，我在树下的地衣中发现了蚜虫的卵，这些卵长着头、触角和足。四月中旬，这些卵孵化了，成为了一群成熟的蚜虫。我将几只蚜虫放到试管里，它们不安地跑来跑去，我送它们一支笃蓐香树树枝，它们就立刻爬上去，在芽尖上定居下来。10天之后我再来察看，天啊！树枝的叶芽上密密麻麻地爬着很多蚜虫，大家都在忙着制造"瘿"。怎么会多出来这么多居民呢？

原来，每一只蚜虫都会生小蚜虫，它们个个都是会生孩子的"母亲"——没有父亲，也没有婚姻。总之，蚜虫可以不交配，自己繁衍后代，

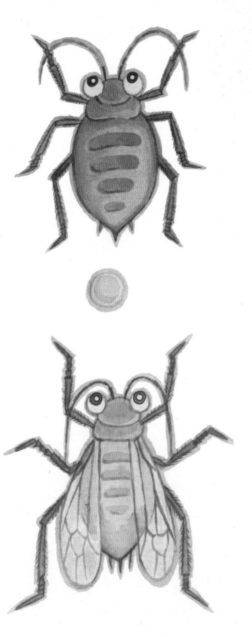

而且为了快速繁殖，它们干脆连产卵也省去了，像我们人类一样直接胎生，所以小蚜虫一生下来就是成虫那个样子，只是体型较小。而且小蚜虫一出生就知道将喙插入树枝中吸取汁液，于是，它的身体很快长大。几天工夫，小蚜虫就成熟了，开始像前辈一样延续世系，而原本生它的那个母亲，在这几天之内不知道又生了多少只小蚜虫，一直生育到肚子枯竭，然后死去。而它的孩子们，将像它一样一生都在狂热地生育。这种情况一直延续了整个夏季，我无法统计蚜虫家族更新换代了多少次，只好说它们的数目像银河里的星星一样多。

九月份，我随手打开一个璎，将里面的蚜虫倒到一张纸上，用一个放大镜观察，发现蚜虫有两种。一种是红色，身材娇小，没有翅膀，背上有一个隆起。我用针在这些隆起里挑了一下，取出一颗微粒，这竟然是一枚卵！另一种蚜虫有翅膀，白色，背上无隆起。第二种蚜虫在九月末的时候成群成群向着太阳飞走了，没有到笃蓐香树上定居。当然，不管迁移到哪里，它们

依然在不停地生孩子。第一种蚜虫则留在笃薅香树上，继续生孩子，直到死去。天气就要转凉，它们会以什么形式过冬呢？无论有翅膀的蚜虫，还是无翅膀的蚜虫，它们的后代都无法在寒冬中存活。

冬天到了，那些有翅的蚜虫又飞到笃薅香树下，那里有大片大片的地衣，它们开始在这里生孩子。这次所生的孩子有4种颜色，最多的是草绿色，其余则分别是黄绿色、琥珀色、淡蓝色，后三种颜色蚜虫比草绿色蚜虫胖两三倍。最让我感兴趣的是，它们与夏季的蚜虫不同，没有喙，什么食物也不吃。尽管如此，它们依然没有被饥饿弄得憔悴，反而活跃得很，在试管里走来走去，最后都停在棉花团上，成双成对地结合在一起——我终于看到两种性别：雄蚜虫个子小，为绿色，雌蚜虫有其他三种颜色，个子粗大。它们一对对搂抱在一起1个小时左右，然后分开，婚礼算是进行完毕了。雄蚜虫不久就死了，雌蚜虫还呆在那里，我迫不及待地想知道她的腹中发生了什么。在显微镜下，我看到雌蚜虫的皮肤下面有个乳白色的椭圆形微粒，这个微粒几乎占据了它整个身体。此外，我什么也看不到，卵巢、产卵管什么的，统统没有。也就是说，雌蚜虫将自己的身体变成了一枚卵！卵壳就是雌蚜虫的皮肤，但它的头、足、胸等器官依然保留着。这就是一月份我见到的那种"卵"。我终于弄清楚了蚜虫的循环周期。

结论是：一个长着头、足、胸等器官的蚜虫卵，在天气转暖时会发育成熟，然后就不停地繁殖后代。这个过程中，它不需要丈夫，所有的蚜虫都会自己繁殖。到了夏季，蚜虫分为两种，有翅膀的和无翅膀的。这两种蚜虫依然都会繁殖后代，但有翅蚜虫会在初秋迁移到其他植物上，无翅膀蚜虫则继续在原来的植物上繁殖。冬天将要来临时，有翅蚜虫飞回到地衣上产卵，这时候产的卵有雌雄两种性别。雌蚜虫与雄蚜虫交配，雄虫死去，雌虫将自己的身体变成一枚卵。从此不吃不喝睡大觉，到明年天气暖和时，雌蚜虫身体做成的卵会发育成熟，开始下一个循环。

在我所研究的虫子中，蚜虫的繁殖方式是最奇怪的了。要是人也这么

能生的话，地球早就承受不住了。蚜虫的繁殖能力虽然旺盛，但地球上并没有布满蚜虫，于是又回到食物链这个老生常谈的话题。众多的蚜虫，只有一小部分的作用是繁衍后代，其余大部分则为其他生物提供食物。黑色短柄泥蜂、蛾的幼虫、苍蝇的幼虫蛆、蚂蚁、普通草蛉、七星瓢虫、长髦、蚜茧蜂等等，都是优秀的捕食蚜虫者，有的昆虫还以蚜虫的卵为食。从某种程度上来说，我们是不是应该感谢蚜虫呢？正是由于它们的大量繁殖，才养活了这么食蚜虫的动物，这些动物又养活了更高级的动物。作为食物链上最初的食物加工者，蚜虫功不可没。

图书在版编目（CIP）数据

滑稽的秘密演员：壁蜂、芫菁与土蜂／（法）法布
尔（Fabre, J. H.）原著；胡延东编译. —天津：天津科技
翻译出版有限公司，2015.7
（昆虫记）
ISBN 978-7-5433-3493-9

Ⅰ. ①滑… Ⅱ. ①法… ②胡… Ⅲ. ①切叶蜂科—普
及读物 ②芫菁科—普及读物 ③土蜂科—普及读物
Ⅳ. ①Q969.557.6-49 ②Q969.48-49 ③Q969.553.1-49

中国版本图书馆 CIP 数据核字（2015）第 103924 号

出　　　版：天津科技翻译出版有限公司
出 版 人：刘　庆
地　　　址：天津市南开区白堤路 244 号
邮政编码：300192
电　　　话：（022）87894896
传　　　真：（022）87895650
网　　　址：www.tsttpc.com
印　　　刷：三河市兴国印务有限公司
发　　　行：全国新华书店
版本记录：787×1092　16开本　　8印张　160千字
　　　　　　2015年7月第1版　　2015年7月第1次印刷
　　　　　　定价：23.80元

（如发现印装问题，可与出版社调换）